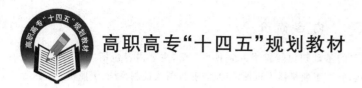

高职高专"十四五"规划教材

工业机器人基础及应用

主　编　李云龙　韩思奇　刘　茗

副主编　王青云　孙　彪

北京航空航天大学出版社

内 容 简 介

本书系统地绍了工业机器人技术相关的基础知识与应用。全书共 7 章,主要内容包括:工业机器人概况、工业机器人系统组成与分类、机器人运动学、工业机器人机械结构、工业机器人控制系统、工业机器人示教编程与操作、工业机器人典型工作站应用。本书内容循序渐进、由浅入深,让读者掌握工业机器人基础知识的同时,也了解工业机器人示教编程的应用。

本书可作为高等职业院校工业机器人、机电一体化、电气自动化等相关专业的教材,也可作为从事工业机器人工作站开发与设计的工程技术人员的参考用书。

图书在版编目(CIP)数据

工业机器人基础及应用 / 李云龙,韩思奇,刘茗主编. — 北京 : 北京航空航天大学出版社,2022.7
ISBN 978 - 7 - 5124 - 3795 - 1

Ⅰ. ①工… Ⅱ. ①李… ②韩… ③刘… Ⅲ. ①工业机器人－职业教育－教材 Ⅳ. ①TP242.2

中国版本图书馆 CIP 数据核字(2022)第 079367 号

工业机器人基础及应用

主编 李云龙 韩思奇 刘 茗
副主编 王青云 孙 彪
策划编辑 冯 颖 责任编辑 冯 颖
*
北京航空航天大学出版社出版发行
北京市海淀区学院路 37 号(邮编 100191) http://www.buaapress.com.cn
发行部电话:(010)82317024 传真:(010)82328026
读者信箱:goodtextbook@126.com 邮购电话:(010)82316936
涿州市新华印刷有限公司印装 各地书店经销
*
开本:787×1 092 1/16 印张:10 字数:256 千字
2022 年 7 月第 1 版 2022 年 7 月第 1 次印刷 印数:2 000 册
ISBN 978 - 7 - 5124 - 3795 - 1 定价:36.00 元

前　言

工业机器人是机器人家族中的重要一员，也是目前技术最成熟、应用最广泛的一类机器人，可在保障优质稳定生产的前提下大幅提高生产效率。作为先进制造业中不可替代的重要装备，其已经成为衡量一个国家制造业发展水平和科技发展水平的重要标志。国内工业机器人产业现已呈现爆发态势，对能安全、熟练使用工业机器人的作业人员的需求激增。

本书面向高等职业院校工业机器人技术专业以及开设"工业机器人技术基础""工业机器人技术应用"课程的相关专业，以工业机器人基础知识与应用案例为载体，偏重于重要基本概念和基本知识，言简意赅，深入浅出地阐述工业机器人机械结构，控制系统、示教系统等相关知识点，并与国内知名机器人控制器开发企业合作，展示最新机器人控制器的发展成果，以相关工业机器人开放式实训台为依托，介绍相关案例的应用。

本书共7章，第1～3章主要介绍工业机器人发展概况、工业机器人系统组成与分类、工业机器人运动学相关知识；第4章介绍工业机器人机械结构；第5章介绍工业机器人控制系统，并以纳博特（南京）科技有限公司开发的工业机器人控制器为例，展示其工业机器人电控系统；第6章展示工业机器人示教器使用方法及示教编程相关知识点；第7章以工业机器人开放式实训台虚拟工作站为例，介绍工业机器人搬运工作站的应用、装配工作站的应用以及码垛工作站的应用。

编者在本书编写过程中，得到了天津嘉创天成科技有限公司、纳博特（南京）科技有限公司、清能德创电气技术（北京）有限公司的大力支持，同时也参阅了一些专家学者的文献、教材等，在此一并表示感谢。

限于作者水平，书中不足之处在所难免，恳请广大读者批评指正。

编　者
2022 年 3 月

目　　录

第1章　工业机器人概况

工业机器人被誉为"制造业皇冠顶端的明珠",是衡量一个国家创新能力和产业竞争力的重要标志,目前已成为全球新一轮科技和产业革命的重要切入点。工业机器人技术涉及运动学、动力学、机械系统、动力系统、控制系统、通信、编程等多方面。

☞ 教学导览

- ◆ 本章概述:主要介绍工业机器人的定义、发展历史及前景、分类及应用概况。
- ◆ 知识目标:掌握工业机器人的定义、发展前景及分类。
- ◆ 能力目标:能够初步分析工业机器人应用概况特点。

1.1　工业机器人的定义

☞ 学习指南

- ◆ 关键词:工业机器人定义、机器人学三大原则。
- ◆ 相关知识:机器人的定义、工业机器人的定义。
- ◆ 小组讨论:机器人学三原则。

1.1.1　机器人

"机器人(Robot)"作为专有名词进入人们的视野已将近 100 年。1920 年捷克作家 Karel-Capek 编写了一部科幻剧(Rossums Universal Robots),该剧描述了一家公司发明并制造了一大批能听命于人且形状像人的机器。这些机器在初期阶段能按照其主人的指令工作,但没有感觉和感情,只能以呆板的方式从事繁重的劳动。后来的研究使这些机器有了感情,进而导致它们发动了反对主人的暴乱。剧中的人造机器取名为 Robota(捷克语,意为农奴、苦力),Robot一词即由其衍生而来。

随着科技的发展,20 世纪 60 年代出现了可实用的机器人,机器人逐渐从科幻世界走进现实世界,进入人们的生产与生活当中。但是,现实生活中的机器人并不像科幻世界中的机器人那样具有完全自主性、智能性。那么,现实中是怎么定义机器人的呢?到目前为止,国际上还没有对机器人做出明确统一的定义。根据各个国家对机器人的定义,总结各种说法的共同之处,机器人应该其有以下特性:

① 一种机械电子装置;
② 动作具有类似于人或其他生物体的功能;
③ 可通过编程执行多种工作,具有一定的通用性和灵活性;
④ 具有一定程度的智能,能够自主完成部分操作。

1950 年,一位名叫 JsaacAsimov 的科幻作家首次使用了 Robotics(机器人学)一词来描述机器人相关的科学,并提出了"机器人学三原则",这三条原则如下:

① 机器人必须不伤害人类，也不允许它见到人类将要受到伤害而袖手旁观；

② 机器人必须服从人类的命令，除非人类的命令与原则①相违背；

③ 机器人必须保护自身不受伤害，除非与上述两条原则相违背。

以上三条原则给机器人社会赋以伦理性。至今，它仍是对机器人研究人员、设计制造厂家和用户十分有意义的指导方针。

1967年，日本召开的第一届机器人学术会议上，学者提出了两个有代表性的定义。一个定义是森政弘与合田周平提出的："机器人是一种具有移动性、个体性、智能性、通用性、半机械半人性、自动性、奴隶性7个特征的柔性机器"。从这一定义出发，森政弘又提出了用自动性、智能性、个体性、半机械半人性、作业性、通用性、信息性、柔性、有限性、移动性10个特性来表示机器人的形象。另一个定义是加藤一郎提出的，具有以下3个条件的机器可以称为机器人：

① 具有脑、手、脚三要素的个体；

② 具有非接触传感器（用眼、耳接受远方信息）和接触传感器；

③ 具有平衡觉和固有觉的传感器。

该定义强调了机器人应当具有仿人的特点，即靠手进行作业，靠脚实现移动，由脑来完成统一指挥的任务。非接触传感器和接触传感器相当于人的五官，使机器人能够识别外界环境，而平衡觉和固有觉则是机器人感知本身状态所不可缺少的传感器。

机器人是一种自动化的机器，所不同的是，这种机器具备一些与人或生物相似的智能能力，如感知能力、规划能力、动作能力和协同能力，是一种具有高度灵活性的自动化机器。随着人们对机器人技术智能化本质认识的加深，机器人技术开始源源不断地向人类活动的各个领域渗透。结合这些领域的应用特点，人们研制了各式各样具有感知、决策、行动和交互能力的特种机器人和智能机器人。现在虽然还没有一个严格而准确的机器人定义，但是人们希望对机器人的本质做些把握：机器人是自动执行工作的机器装置，既可以接受人类指挥，又可以运行预先编排的程序，也可以根据以人工智能技术制定的原则纲领行动。它的任务是协助或取代人类的工作。它是高级整合控制论、机械电子、计算机、材料和仿生学的产物，在工业、医学、农业、服务业、建筑业甚至军事等领域中均有重要用途。进入21世纪以来，机器人的应用已经随处可见，并且正在影响和改变着人们的生产与生活。

1.1.2　工业机器人

工业机器人是面向工业领域的多关节机械手或多自由度的机器人。它是自动执行工作的机械装置，是靠自身动力和控制能力来实现各种功能的一种机器。工业机器人是机器人家族中的重要一员，也是目前技术上发展最成熟、应用最广的一类机器人。世界各国对工业机器人的定义不尽相同，但其内涵基本一致。

美国机器人工业协会给出了工业机器人的定义："工业机器人是用来进行搬运材料、零件、工具等可再编程的多功能机械手，或通过不同程序的调用来完成各种工作任务的特种装置。"英国机器人协会、日本机器人协会等也采用了相类似的定义。国际标准化组织（ISO）于1987年给出了工业机器人的定义："工业机器人是一种具有自动控制的操作和移动功能，能够完成各种作业的可编程操作机。"ISO 8373对工业机器人给出了更具体地解释："机器人具备自动控制及可再编程、多用途功能，机器人操作机具有三个或三个以上的可编程轴，在工业自动化应用中，机器人的底座可固定也可移动。"我国的国家标准将工业机器人定义为"工业机器人是一种能自动定位控制,可重复编程的,多功能的、多自由度的操作机。"工业机器人能搬运材料、零件或夹持工具,用以完成各种作业。

1.2　工业机器人的发展历史与前景

☞ **学习指南**

- ◆ 关键词:发展历史、发展前景。
- ◆ 相关知识:我国工业机器人的发展阶段、工业机器人的发展前景。
- ◆ 小组讨论:工业机器人发展前景。

1.2.1　工业机器人发展历史

　　世界上第一台机器人于 20 世纪 50 年代诞生于美国,虽然它是一台试验的样机,但是体现了现代工业广泛应用的机器人的主要特征。因此,它的诞生标志着机器人从科幻世界进入了现实生活。20 世纪 60 年代初,工业机器人产品问世。然而,在工业机器人问世后的最初 10 年,机器人技术的发展较为缓慢,主要停留在大学和研究所的实验室里。虽然在这一阶段也取得了一些研究成果,但是没有形成生产力,且应用较少。代表性的机器人有美国 Unimation 公司 Unimate 机器人和美国 AMF 公司的 Versatran 机器人等,分别如图 1-1 和图 1-2 所示。

图 1-1　Unimate 机器人　　　　图 1-2　Versatran 机器人

　　20 世纪 70 年代,随着人工智能、自动控制理论、电子计算机等技术的发展,机器人技术进入了一个新的发展阶段——工业生产的实用化时代。最具代表性的机器人是美国 Unimation 公司的 PUMA 系列工业机器人和日本山大学牧野洋研制的 SCARA 机器人,分别如图 1-3 和图 1-4 所示。到了 20 世纪 80 年代,机器人开始大量在汽车、电子等行业中使用,从而推动了产业的发展。机器人的研究开发,无论水平和规模都得到迅速发展,工业机器人进入普及时代。然而,到了 20 世纪 80 年代后期,由于工业机器人的应用没有得到充分的挖掘,因此不少机器人厂家倒闭,机器人的研究跌入低谷。

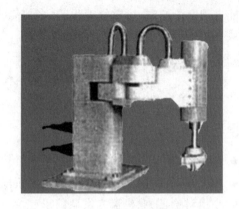

图 1 - 3　PUMA 系列工业机器人　　　　　　图 1 - 4　SCARA 机器人

　　20 世纪 90 年代中后期,机器人产业出现复苏。世界机器人数量以较高增长率逐年增加并以较好的发展势头进入 21 世纪。近年来,机器人产业发展迅猛。据国际机器人联合会(IFR)数据,2014 年全球新装机器人 10 万台,比 2013 年增加了 43%,世界工业机器人的市场前景看好,据国际机器人联合会(IFR)数据,2014—2018 年全球工业机器人发展规模如图 1 - 5 所示。近日,国际机器人联合会(IFR)发布了 2020 年全球机器人统计数据,数据显示,2019 年全年工业机器人安装量为 37.3 万台,比上年减少 12%,但也是史上第三高。截至 2019 年底,全球工业机器人累计安装了 270 万台套,年增长 12%。

图 1 - 5　全球工业机器人发展规模示意图

　　目前,世界上的机器人无论是从技术水平,还是从已装备的数量上来看,优势都集中在以欧美日为代表的国家和地区。但是,随着中国等国家的发展,世界机器人的发展和需求格局正在发生变化。

　　美国是最早研发机器人的国家,也是机器人应用最广泛的国家之一。近年来,美国为了强化其产业在全球的市场份额以及保护美国国内制造业持续增长的趋势,一方面鼓励工业界发展和应用机器人,另一方面制订计划,增加机器人科研经费,把机器人看作美国再次工业化的象征,大力发展机器人产业。美国的机器人发展道路虽然有些曲折,但是其在可靠性、机器人语言、智能技术等方面一直都处于领先水平。

　　日本的机器人产业虽然发展晚于美国,但是日本善于引进与消化国外的先进技术。自

1967 年日本川崎重工业公司率先从美国引进工业机器人技术后,日本政府在技术、政策和经济都采取措施加以扶持。日本的工业机器人迅速走出了试验应用阶段,并进入成熟产品大量应用的阶段。20 世纪 80 年代就在汽车与电子等行业大量使用工业机器人,实现了工业机器人的普及。

德国引进机器人的时间比较晚,但是由于战争导致劳动力短缺以及国民的技术水平比较高等因素,促进了其工业机器人的快速发展。20 世纪 70 年代德国就开始了"机器换人"的行动。同时,德国政府通过长期资助和产学研结合扶植了一批机器人产业和人才梯队,如德系机器人厂商 KUKA 机器人公司。随着德国工业迈向以智能生产为代表的"工业 4.0"时代,德国企业对工业机器人的需求继续增加。

我国工业机器人的起步比较晚,开始于 20 世纪 70 年代,大体可以分为四个阶段,即理论研究阶段、样机研发阶段、示范应用阶段和产业化阶段。理论研究阶段开始于 20 世纪 70 年代至 80 年代初期。这一阶段主要由高校对机器人基础理论进行研究,在机器人机构学、动力学、控制理论等方面均取得了可喜进展。样机研发阶段开始于 20 世纪 80 年代中期,随着工业机器人在发达国家的大量使用和普及,我国工业机器人的研究得到政府的重视与支持,机器人步入了跨越式发展时期。1986 年,我国开展了"七五"机器人攻关计划。1987 年,"863"高技术发展计划将机器人方面的研究开发列入其中,进行了工业机器人基础技术、基础元器件、几类工业机器人整机及应用工程的开发研究。在完成了示教再现式工业机器人及其成套技术的开发后,又研制出了喷涂、弧焊、点焊和搬运等作业机器人整机,以及几类专用和通用控制系统及关键元器件,其性能指标达到了 20 世纪 80 年代初国外同类产品的水平。20 世纪 90 年代是工业机器人示范应用阶段。为了促进高技术发展与国民经济发展的密切衔接,国家确定了特种机器人与工业机器人及其应用工程并重、以应用带动关键技术和基础研究的发展方针。这一阶段共研制出 7 种工业机器人系列产品,并实施了 100 余项机器人应用工程。同时,为了促进国产机器人的产业化,到 20 世纪 90 年代末期建立了 9 个机器人产业化基地和 7 个科研基地。21 世纪,我国工业机器人进入了产业化阶段。在这一阶段先后涌现出以新松机器人为代表的多家从事工业机器人生产的企业,自主研制了多种工业机器人系列,并成功应用于汽车点焊、货物搬运等工作任务。图 1-6 和图 1-7 所示为我国新松机器人自动化股份有限公司研制的六轴串联机器人和双臂协作机器人。经过 40 多年的发展,我国在工业机器人基础技术和工程应用上取得了快速地发展,基本奠定了独立自主发展机器人产业的基础。

图 1-6　新松六轴串联工业机器人　　　　图 1-7　双臂协作机器人

1.2.2　工业机器人发展前景

机器人技术的发展,一方面表现在机器人应用领域的扩大和机器人种类的增多,另一方面表现在机器人的智能化趋势。进入 21 世纪以来,各个国家在机器人的智能化和拟人智能机器人上投入了大量的人力和财力。从近几年国际上知名企业推出和正在研制来看,新一代工业机器人正在向智能化、柔性化、网络化、人性化方向发展。未来机器人技术的发展趋势主要表现在以下几个方面。

(1) 机器人操作机构设计

通过对机器人机构的创新,进一步提高机器人的负载-自重比。同时,机构向模块化、可重构方向发展,包括伺服电动机、减速器和检测系统三位一体化,以及机器人和数控技术一体化等。

(2) 机器人控制技术

控制系统向基于 PC 的开放式、模块化方向发展。基于 PC 的网络式控制器以及 CAD/CAM/机器人编程一体化技术已经成为研究的热点。

(3) 多传感融合技术

机器人感觉是把相关特性或相关物体特性转换为执行某一机器人功能所需要的信息。这些信息由传感器获得,是机器人顺利完成某一任务的关键。多种传感器的使用和信息的融合已成为进一步提高机器人智能性和适应性的关键。

(4) 人机共融技术

人与机器人能在同一自然空间中紧密地进行协调工作,人与机器人可以相互理解、相互帮助。人机共融技术已成为机器人研究的热点。

(5) 机器人网络通信技术

机器人网络通信技术是机器人由独立应用到网络化应用、由专用设备到标准化设备发展的关键。以机器人技术和物联网技术为主体的工业 4.0 被认为是第四次工业革命,而网络实体系统及物联网则是实现工业 4.0 的技术基础。因此,机器人网络通信与大数据、云计算以及物联网技术的结合成为机器人领域发展的主要方向之一。

(6) 机器人遥操作和监控技术

随着机器人在太空、深水、核电站等高危险环境中应用的推广,机器人遥操作和监控技术已成为机器人在这些危险环境中正常工作的保障。

(7) 机器人虚拟现实技术

基于多传感器、多媒体、虚拟现实以及临场感应技术,实现机器人的虚拟遥操作和人机交互。目前虚拟现实技术在机器人中的作用已从仿真、预演发展到过程控制,能够使操作者产生置身于远端作业环境中的感觉来操作机器人。

(8) 微纳机器人和微操作技术

微纳机器人和微操作技术被认为是 21 世纪的尖端技术之一,已成为机器人技术重点发展的领域和方向。微纳机器人具有移动灵活方便、速度快、精度高等特点,可以进入微小环境以及人体器官中进行各种检测和诊断。该领域的发展将对社会进步和人类活动的各方面产生巨大影响。

（9）多智能体协调控制技术

多智能体系统是由一系列相互作用的智能体构成的，内部的各个智能体之间通过相互通信、合作、竞争等方式，完成单个智能体不能完成的、大量而又复杂的工作。机器人作为智能体已经广泛出现在多智能体系统中，多智能体的协调控制已经成为机器人领域研究的重要方向之一。

（10）软体机器人技术

软体机器人是一种新型柔性机器人，其设计灵感主要是模仿植物或动物的构造，在医疗、救援等领域有广阔的应用前景，引起了机器人学者的广泛兴趣。

1.3　工业机器人应用概况

☞ **学习指南**

◆ 关键词：搬运机器人、焊接机器人、喷涂机器人、码垛机器人。
◆ 相关知识：工业机器人在汽车生产线中的应用、工业机器人在物流行业中的应用。
◆ 小组讨论：通过查阅资料，讨论工业机器人在其他领域中的应用特点。

1.3.1　焊接机器人应用

世界各国生产的焊接用机器人基本上都属关节型机器人，绝大部分有 6 个轴。目前焊接机器人应用比较普遍的主要有 3 种：点焊机器人、弧焊机器人和激光焊接机器人，如图 1-8 所示。

(a) 点焊机器人　　　　　　　(b) 弧焊机器人　　　　　　　(c) 激光焊接机器人

图 1-8　焊接机器人

使用机器人完成一项焊接任务只需要操作者对它进行一次示教，随后机器人即可精确地再现示教的每一步操作。其主要优点有：

① 提高焊接质量，保证其均匀性；

② 提高劳动生产率,一天可 24 h 时连续生产;

③ 改善工人劳动条件,可在有害环境下工作;

④ 降低对工人操作技术的要求;

⑤ 缩短产品改型换代的准备周期,减少相应的设备投资;

⑥ 可实现小批量产品的焊接自动化;

⑦ 能在空间站建设、核电站维修、深水焊接等极限条件下完成人工难以进行的焊接作业;

⑧ 为焊接柔性生产线提供技术基础。

点焊机器人是用于点焊自动作业的工业机器人,其末端持握的作业工具是焊钳。实际上,工业机器人在焊接领域的应用最早是从汽车装配生产线上的电阻点焊开始的。最初,点焊机器人只用于增强焊作业,即在已拼接好的工件上增加焊点。后来,为保证拼接精度,又让机器人完成定位焊作业。点焊机器人逐渐被要求有更全的作业性能,点焊机器人不仅要有足够的负载能力,而且在点与点之间移位时速度要快捷,动作要平稳,定位要准确,以缩短移位的时间,提高工作效率。

弧焊机器人是用于弧焊(主要有熔化极气体保护焊和非熔化极气体保护焊)自动作业的工业机器人,其末端持握的工具是焊枪。事实上,弧焊过程比点焊过程要复杂得多,被焊工件由于局部加热熔化和冷却产生变形,焊缝轨迹会发生变化。因此,焊接机器人的应用并不是一开始就用于电弧焊作业,而是伴随焊接传感器的开发及其在焊接机器人中的应用,使机器人弧焊作业的焊缝跟踪与控制问题得到有效解决。由于弧焊工艺早已在诸多行业中普及,因此弧焊机器人在通用机械、金属结构等许多行业中得到广泛运用。焊接机器人在汽车制造中的应用也相继从原来比较单一的汽车装配点焊迅速发展为汽车零部件及其装配过程中的电弧焊。

激光焊接机器人是用于激光焊自动作业的工业机器人,通过高精度工业机器人实现更加柔性的激光加工作业,其末端夹持的工具是激光加工头,具有最小的热输入量,产生极小的热影响区,在显著提高焊接产品品质的同时,减少了后续工作量。

1.3.2　喷涂机器人应用

喷涂机器人已经广泛用于汽车整车及其零部件、电子产品、家具的自动喷涂。首先,喷涂机器人最显著的特点就是不受喷涂车间有害气体环境的影响,可以重复进行相同的操作动作而不厌其烦,因此喷涂质量比较稳定;其次,机器人的操作动作是由程序控制的,对于同样的零件控制程序是固定不变的,因此可以得到均匀的表面涂层;最后,机器人的操作动作控制程序是可以重新编制的,不同的程序针对不同的工件,所以可以适应多种喷涂对象在同一条喷涂线上进行喷涂。鉴于此,喷涂机器人在涂装领域受到越来越多的重视。

喷涂机器人有着独特的工作特点,除了具备机器人的共性功能外,还须具备如下特点方能满足工业化的应用需求。喷涂机器人在汽车生产中作业如图 1-9 所示。

(1) 防爆功能

涂料中的可挥发性有机物(丙酮、甲苯、二甲苯、乙醚等)在密闭的喷涂房中形成具有潜在爆炸的气体环境,喷漆区内爆炸性气体环境为 1 区危险区域,爆炸性粉尘环境为 21 区危险区域,故喷涂机器人置于喷涂房中的执行部分(机器人本体)需要具有防爆功能。

(2) 斜交/直线形非球型中空手腕(4、5、6 轴)结构

喷涂狭小空间或工件内表面时,斜交/直线形非球型中空手腕结构喷涂机器人运动学特性

图 1-9　工业机器人在汽车生产中喷涂作业

优于正交球型手腕结构机器人(焊接机器人采用的结构形式),喷枪姿态可快速灵活变换。另外,涂料管路置于中空手腕内部,避免了 4、5、6 轴运动过程中管路发生缠绕及位置干涉,同时也在某种程度上防止了涂料管破裂污染工件。

(3) 喷涂设备集成度高

喷涂方式体系多样,根据供料压力可划分为低压喷涂方式和中高压喷涂方式。空气(静电)喷涂、静电旋杯喷涂属于低压喷涂方式,涂料颗粒雾化效果好、装饰性好,广泛用于汽车及其零部件的涂装;混气/空气辅助(静电)喷涂、无气喷涂属于中高压喷涂方式,涂料流量大,一次成膜厚度大,涂装效率高,广泛用于一般工业的涂装。

在汽车工业应用中,为了提高喷涂节拍,缩短清洗管路的时间,降低溶剂消耗量,在低压喷涂系统引入了换色模块、双组分在线精确配比模块,并且由于低压供料,各种模块体积小、集成度高,通过气体控制阀芯通断,可安装在喷涂机器人小臂内部或机器人附近区域,成为与喷涂机器人集成度最高的喷涂设备。

(4) 喷涂工艺软件

针对集成度较高的喷涂设备,喷涂机器人可通过喷涂工艺软件进行喷涂点工艺参数(涂料流量、雾化空气压力、扇幅空气压力等,包括开关量和模拟量)的快速控制及喷涂过程(清洗、换色)的快速控制。

(5) 智能跟随

为了提高生产节拍,喷涂过程中悬挂链(或其他输送设备)不停止,喷涂机器人须跟随悬挂链进行自动喷涂。因此,喷涂机器人须具备智能跟随功能,即采用静态表面喷涂轨迹的示教或离线编程,在自动喷涂作业时,在工件移动方向给出一个速度值,机器人根据该速度自动规划出新的喷涂轨迹。

(6) 离线编程工作站

喷涂作为一种表面处理工艺,需要喷涂机器人对工件表面进行整体喷漆。在有些应用中,示教工作是非常复杂甚至不可能实现的。采用离线编程工作站将工件表面点离散,然后生成喷涂机器人的运动轨迹,不但提高了喷涂机器人运动轨迹生成效率,也提高了项目的可实施性。

1.3.3 码垛机器人应用

国内物流行业已经进入了准高速增长阶段。传统的自动化生产设备已经不能满足企业日益增长的生产需求。以码垛设备为例,机械式码垛机具有占地面积大、程序更改复杂、耗电量大等缺点。采用人工搬运不仅劳动量大、工时多,而且无法保证码垛质量,影响产品顺利进入货仓,可能有50%的产品由于码垛尺寸误差过大而无法进行正常存储,还需要重新整理。目前,欧洲、美国和日本的码垛机器人在码垛市场的占有率超过了90%,绝大多数码垛作业都是由码垛机器人完成的。码垛机器人可适用于纸箱、袋装、罐装、箱体、瓶装等各种形状的包装成品码垛作业,如图1-10所示。

图1-10 码垛机器人作业

码垛机器人富有柔性,被广泛用于码垛作业。机器人技术在码垛领域中的应用,主要表现在以下几个方面。

① 适应性强。机器人码垛搬运时只要更换不同抓手就能够处理不同种类的产品。

② 智能程度高。码垛搬运机器人可以根据设定的信息对到来的货物进行识别,然后将货物送往不同的托盘上。

③ 操作范围大。码垛搬运机器人本身占地面积很小,工作空间大,并且可同时处理多条生产线上的产品。

④ 适应各种工作环境。机器人码垛搬运可以代替人工码垛搬运,避免粉尘、有毒等工作环境对人体的危害。

1.3.4 抛光打磨机器人应用

抛光打磨机器人针对轮毂打磨、洁具行业水龙头等抛光打磨工艺,实现抛光打磨工艺的自动化,降低打磨工艺带来的粉尘污染对工人身体健康的危害,协助企业降低人力成本,提高并稳定抛磨质量。一般抛光打磨机器人多用于金属表面处理,如汽车部件、卫浴用品、厨房用品、五金家具或者高尔夫球头、扳手工具、不粘锅、飞机叶片、手术钳、驳接爪之类产品的生产。此外,某些抛光打磨机器人还可以应用到陶瓷等特殊材质上,力度均匀,成品表面光滑;还可应用于木吉他、亚克力浴缸等产品的生产。图1-11所示为水龙头打磨机器人工作站。

图 1-11 抛光打磨机器人应用(水龙头打磨机器人工作站)

1.3.5 装配机器人应用

装配机器人是工业生产中用于装配生产线上对零件或部件进行装配的一类工业机器人。作为柔性自动化装配的核心设备,其具有精度高、工作稳定、柔顺性好、动作迅速等优点。归纳起来,装配机器人的主要优点如下:

① 操作速度快,加速性能好,可缩短工作循环时间;

② 精度高,具有极高重复定位精度,能保证装配精度;

③ 提高生产效率,特别是单一繁重的体力劳动;

④ 对劳作条件要求低,适用于有毒、有辐射装配环境;

⑤ 可靠性好、适应性强,稳定性高。

近年来,用机器人来装配取得了极大的进展。根据主要机器人使用国家的统计数据,用于装配作业的机器人在机器人种类中占 34.5%,目前用于装配的机器人仍以最快的速度增长。装配机器人广泛应用于电子业、机械制造业、汽车工业等。图 1-12 所示为装配机器人在汽车生产线中的应用。

图 1-12 装配机器人在汽车生产线中作业

习 题

1. 工业机器人的定义是什么？
2. 工业机器人的基本特征有哪些？
3. 工业机器人的发展趋势有哪些？
4. 请阐述工业机器人的应用概况，并根据实际分析近 5 年当地工业机器人的发展情况。

第2章 工业机器人系统组成与分类

工业机器人是一种可以模拟人的手臂、手腕及其功能的机电一体化装置。从体系结构来看，一台通用的工业机器人可分为机器人本体、控制器与控制系统和示教器三大部分。工业机器人的技术参数是选用机器人进行应用的主要参考点，进行工业机器人工作站设计时，首先要考虑匹配合适的工业机器人技术参数。

☞ 教学导览

◆ 本章概述：介绍工业机器人的组成以及工业机器人的主要技术参数。
◆ 知识目标：掌握工业机器人的组成以及工业机器人的主要技术参数。
◆ 能力目标：能够描述工业机器人系统结构的关系、能够描述工业机器人的分类方法、能够描述工业机器人的主要技术参数。

2.1 工业机器人的系统组成

☞ 学习指南

◆ 关键词：系统构成、组成特点。
◆ 相关知识：工业机器人控制系统的组成、分类以及工业机器人示教器作用。
◆ 小组讨论：工业机器人控制系统有什么特点？

虽然工业机器人分为很多种，工作环境和时间也不一样，但是它们也有一些共同点——基本组成是一样的。那么，工业机器人由哪些部分组成呢？

2.1.1 系统结构

工业机器人系统是由机器人和作业对象及环境共同构成的，工业机器人系统构成主要分为四大部分，分别是工业机器人驱动系统、机械系统、感知系统和控制系统，如图2-1所示，它们之间相互协作构建起工业机器人的整体系统。

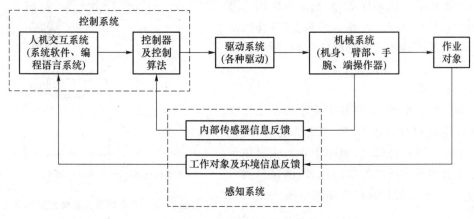

图 2-1 工业机器人系统组成

2.1.2　驱动系统

要使工业机器人运行起来,就须给各个关节即每个运动自由度安置传动装置,即驱动系统。驱动系统可以是液压驱动、气动驱动、电动驱动,或者是把它们结合起来应用的综合系统,可直接驱动或者通过同步带、链条、轮系、谐波齿轮等机械传动机构进行间接驱动。

(1) 电力驱动系统

电力驱动系统在工业机器人中应用得较普遍,可分为步进电动机、直流伺服电动机和交流伺服电动机三种驱动形式。早期多采用步进电动机驱动,后来出现了直流伺服电动机,现在交流伺服电动机驱动也逐渐得到应用。上述驱动单元有的用于直接驱动机构运动,有的通过谐波减速器减速后驱动机构运动,其结构简单紧凑。

(2) 液压驱动系统

液压驱动系统运动平稳,且负载能力大,对于重载搬运和零件加工的工业机器人,采用液压驱动比较合理。但液压驱动存在管道复杂、清洁困难等缺点,因此限制了它在装配作业中的应用。无论是电气驱动还是液压驱动的机器人,其手爪的开合都采用气动形式。

(3) 气压驱动系统

气压驱动机器人结构简单、动作迅速、价格低廉,由于空气具有可压缩性,其工作速度的稳定性较差。但是,空气的可压缩性可使手爪在抓取或夹紧物体时的顺应性提高,防止受力过大而造成被抓物体或手爪本身的损坏。气压驱动系统的压力一般为 0.7 MPa,因而抓取力小,只有几十牛到几百牛。

2.1.3　机械系统

工业机器人的机械结构系统由基座、手臂、手腕、末端操作器四大件组成,每一大件都有若干个自由度,构成一个多自由度的机械系统(又称为执行机构或操作机),是机器人赖以完成工作任务的实体。末端操作器是直接装在手腕上的一个重要部件,可以是二手指或多手指的手爪,也可以是喷漆枪、焊具等作业工具。工业机器人机械结构示意图见图 2-2。

(1) 机　身

机身是机器人的基础部分,起支承作用。移动式机器人的机身安装在移动机构上,具备行走机构。若机身不具备行走及腰转机构,则为固定式机器人,直接连接在地面基础上。

(2) 手　臂

手臂一般由上臂、下臂和手腕组成。上臂和下臂用以连接机身和手腕,带动腕部运动,是执行机构中的主要运动部件(也称主轴),主要用于改变手腕和末端执行器的空间位置,满足机器人的作业空间,并将各种载荷传递到基座。

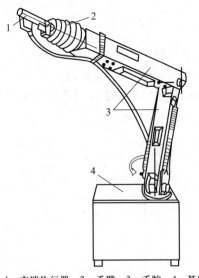

1—末端执行器；2—手臂；3—手腕；4—基座

图 2-2　工业机器人机械结构示意图

（3）手　腕

手腕部是连接末端操作器与手臂，也称为次轴，主要用于调整末端操作器的姿态。

（4）末端操作器

末端操作器是工业机器人直接进行工作的部分，其作用是直接抓取和放置物件。末端操作器可以是各种手持器或夹爪、吸盘等。

2.1.4　感知系统

机器人的感知系统日益重要，多传感器融合配置技术在工业机器人系统中已有成熟应用。感知系统由内部传感器模块和外部传感器模块组成，分别获取内部和外部环境状态中有意义的信息。其中，内部状态传感器用于检测各关节的位置、速度等变量，为闭环伺服控制系统提供反馈信息；外部状态传感器用于检测机器人与周围环境之间的一些状态变量，如距离、接近程度和接触情况等，用于引导机器人，便于其识别物体并做出相应处理。机器人感知系统常用到的传感器有触觉传感器、视觉传感器、听觉传感器、接近觉传感器、超声波传感器等。常用传感器外观如图2-3所示。智能传感器的使用提高了机器人的机动性、适应性和智能化的水准。人类的感受系统感知外部世界信息是极其灵巧的，然而对于一些特殊的信息，传感器比人类的感受系统更灵敏。

(a) 触觉传感器

(b) 视觉传感器

(c) 听觉传感器

(d) 接近觉传感器

(e) 超声波传感器

图 2-3　工业机器人常用传感器

2.1.5　控制系统

控制系统是工业机器人的神经中枢或控制中心，由计算机硬件、软件和一些专用电路、控制器、驱动器等构成。控制系统的任务是根据机器人的作业指令程序以及从传感器反馈回来的信号来支配机器人的执行机构去完成规定的运动和功能。假如工业机器人不具备信息反馈特征,则为开环控制系统;若具备信息反馈特征,则为闭环控制系统。软件主要由人与机器人进行联系的人机交互系统和控制算法等组成。控制系统根据控制原理可分为程序控制系统、适应性控制系统和人工智能控制系统,其控制运动的形式可分为点位控制和轨迹控制。控制系统构成示意图见图2-4。

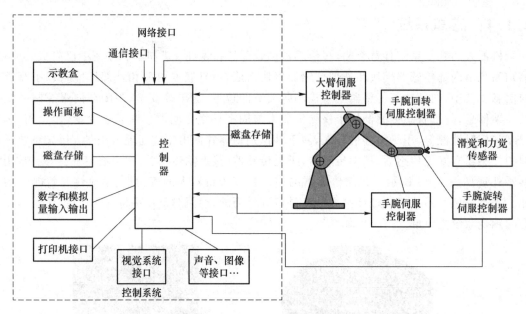

图2-4 控制系统构成示意图

工业机器人实际上是一个典型的机电一体化系统,其工作原理为:控制系统发出动作指令,控制驱动系统动作,驱动系统带动机械系统运动,使末端操作器到达空间某一位置和实现某一姿态,实施一定的作业任务。控制器主要用来处理工作的全部信息,并根据工程师编写的指令以及传感器得到的信息来控制机器人本体完成一定的动作。

2.2 工业机器人分类

☞ 学习指南

◆ 关键词:串联机器人、并联机器人、SCARA机器人。
◆ 相关知识:工业机器人的分类方式,串联关节机器人及并联关节机器人特征。
◆ 小组讨论:通过查阅资料,讨论工业机器人的分类及特征。

关于工业机器人分类,国际上尚未制定统一的标准,可以按控制方式、驱动方式、坐标特性形式、机器人拓扑结构、机器人移动方式、机器人应用领域等划分。

2.2.1 按机器人的控制方式分类

按照控制方式分类可把机器人分为非伺服控制机器人和伺服控制机器人两种。

(1) 非伺服控制机器人

非伺服控制机器人工作能力比较有限,机器人按照预先编好的程序顺序进行工作,使用限位开关、制动器、插销板、定序器来控制机器人的运动。非伺服控制机器人结构示意图见图 2-5:插销板是用来预先规定机器人的工作顺序,而且往往是可调的;定序器是一种定序开关或步进装置,能够按照预定的正确顺序接通驱动装置的能源。驱动装置接通能源后,就带动机器人的手臂、腕部和手部等装置运动。当它们移动到由限位开关所规定的位置时,限位开关切换工作状态,给定序器送去一个工作任务已完成的信号,并使终端制动器动作,切断驱动能源,使机器人停止运动。

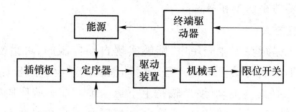

图 2-5 非伺服控制机器人结构示意图

(2) 伺服控制机器人

伺服控制机器人比非伺服控制机器人有更强的工作能力。伺服系统的被控制量可为机器人手部执行装置的位置、速度、加速度和力等。通过传感器取得的反馈信号与来自给定装置的综合信号,用比较器加以比较后,得到误差信号,经过放大后用以激发机器人的驱动装置,进而带动末端执行器以一定的规律运动,到达规定的位置或速度等,这是一个反馈控制系统,其系统示意图见图 2-6。

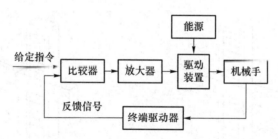

图 2-6 伺服控制机器人系统示意图

2.2.2 按机器人的驱动方式分类

(1) 气压驱动机器人

气压驱动机器人以压缩空气驱动执行机构,优点是空气来源方便,动作迅速,结构简单;缺点是由于空气的可压缩性,气压一般为 0.7 MPa,使得工作的稳定性与定位精度不高,抓力较小,所以常用于负载较小的场合。

(2) 液压驱动机器人

因为液压压力比气压压力大得多,所以液压驱动型工业机器人具有较大的抓举能力,可达上千牛顿。这类工业机器人结构紧凑、传动平稳、动作灵敏,但对密封要求较高,且不宜在高温或者低温环境下使用。

(3) 电力驱动机器人

电力驱动机器人是目前用得最多的一类工业机器人。不仅因为电动机品种众多,为工业机器人设计提供了多种选择,也因此可以运用多种灵活控制的方法。早期的电力驱动型工业机器人多采用步进电机驱动,后期发展了直流伺服驱动单元、驱动单元和直接驱动操作机,或者通过谐波减速器的装置来减速后驱动,其结构十分紧凑、简单。

2.2.3 按机器人的坐标特性分类

按结构坐标特性来分,工业机器人通常可以分为直角坐标型机器人、圆柱坐标型机器人、极坐标型机器人和多关节坐标型机器人。

(1) 直角坐标型机器人

直角坐标型机器人是指在工业应用中,能够实现自动控制的、可重复编程的、运动自由度仅包含三维空间正交平移的自动化设备。各个运动轴通常对应直角坐标系中的 X 轴、Y 轴和 Z 轴。X 轴和 Y 轴是水平面内运动轴,Z 轴是上下运动轴。在一些应用中,Z 轴上带有一个旋转轴,或带有一个摆动轴和一个旋转轴。在绝大多数情况下直角坐标机器人的各个直线运动轴间的夹角为直角,直角坐标型机器人的结构如图 2-7 所示,它在 X、Y、Z 轴上的运动是独立的。

(2) 圆柱坐标型机器人

圆柱坐标型机器人的结构如图 2-8 所示,R、θ 和 Z 为坐标系的三个坐标,其中 R 是手臂的径向长度,θ 是手臂的角位置,Z 是垂直方向上手臂的位置。如果机器人手臂的径向坐标 R 保持不变,机器人手臂的运动将形成一个圆柱表面。圆柱坐标机器人末端执行器的姿态由参数 $(Z、R、\theta)$ 决定。

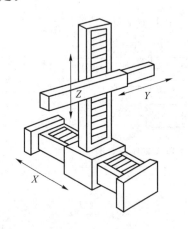

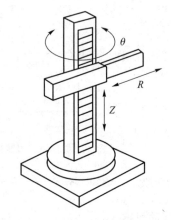

图 2-7　直角坐标型机器人结构　　　　图 2-8　圆柱坐标型机器人结构

(3) 极坐标型机器人

极坐标型机器人又称球坐标型机器人,其结构如图 2-9 所示,R、θ 和 β 为坐标系的三个坐标。其中,θ 是绕手臂支承底座垂直轴的转动角,β 是手臂在铅垂面内的摆动角。这种机器人运动所形成的轨迹表面是半球面,所以称为球坐标机器人,其特点是占用空间小,操作灵活且范围大,但运动学模型较复杂,难以控制。

(4) 多关节坐标型机器人

多关节坐标型机器人的结构如图 2-10 所示,它是以其各相邻运动构件之间的相对角位移作为坐标系的。θ、α 和 φ 为坐标系的三个坐标,其中 θ 是绕底座铅垂轴的转角,φ 是过底座的水平线与第一臂之间的夹角,α 是第二臂相对于第一臂的转角。这种机器人手臂可以到达球形体积内绝大位置,所能到达区域的形状取决于两个臂的长度比例。

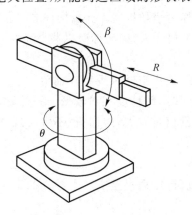

图 2-9　极坐标型机器人结构　　　图 2-10　多关节坐标型机器人结构

多关节型机器人,也称关节手臂机器人或关节机械手臂,关节机器人是当今工业领域中应用最广泛的一种机器人,按照关节的构型不同,其又可以分为水平关节机器人和垂直关节机器人。

水平多关节机器人也称为 SCARA(Selective Compliance Assembly Robot Arm)机器人,其示意图见图 2-11。水平多关节机器人在结构上具有串联配置的两个能够在水平面内旋转的手臂,其自由度可以根据用途选择 2~4 个,ω_1、ω_2、ω_3 是绕着各轴做旋转运动,Z 是在垂直方向做上下移动,其动作空间为　圆杜体。SCARA 机器人的特点是作业空间与占地面积比很大,使用起来方便,尤其适合平面装配作业。

垂直多关节机器人主要由基座和多关节臂组成,目前常见的关节臂数为 3~6 个。垂直关节机器人示意图见图 2-12。垂直多关节机器人模拟了人类的手臂功能,是以其各相邻运动构件的相对角位移作为坐标系的。其优点是可以自由地实现三维空间地各种姿势,可以生成各种复杂形状的轨迹,且动作范围很宽;缺点是结构刚度较低,动作的绝对位置精度较低。

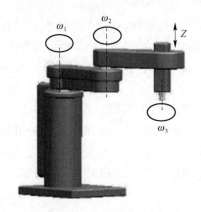

图 2-11　水平关节机器人示意图　　　图 2-12　垂直关节机器人示意图

2.2.4 按机器人的拓扑结构分类

(1) 串联机器人

串联机器人是一个开放式运动链机构,是由一系列的连杆通过转动关节或移动关节串联而成的,即机械结构使用串联机构实现的机器人称为串联机器人。按构件之间运动副的不同,串联机器人可分为直角坐标型机器人、圆柱坐标型机器人、极坐标型机器人和多关节坐标型机器人。

串联机器人因其结构简单、易操作、灵活性强、工作空间大等特点而得到了广泛应用。串联机器人的不足之处是:运动链较长,系统的刚度和运动精度相对较低。另外,由于串联机器人须在各关节上设置驱动装置,各动臂的运动惯量相对较大,因而,也不宜实现高速或超高速操作。

(2) 并联机器人

并联机构是一种闭环机构,其动平台或末端执行器通过至少2个独立的运动链与机架相连接,必备的要素如下:

① 末端执行器必须具有运动自由度;

② 这种末端执行器通过几个相互关联的运动链或分支与机架相连;

③ 每个分支运动链由唯一的移动副或转动副驱动。

与传统串联机构相比,并联机构的零部件数目较串联机构平台大幅减少,主要由滚珠丝杠、伸缩杆件、滑块构件、虎克铰、球铰、伺服电机等通用构件组成。这些通用组件可由专门厂家生产,因而其制造和库存备件成本比相同功能的传统机构低得多,容易组装和模块化。并联机器人在需要高刚度、高精度或者大载荷而无需很大工作空间的领域内得到了广泛应用。

除了结构上的优点,并联机构在实际应用中更是具有串联机构不可比拟的优势:

① 刚度质量比大。并联闭环杆系理论上只承受拉、压载荷,是典型的二力杆。多杆受力使得传动机构具有很高的承载强度。

② 动态性能优越。运动部件质量轻、速度快、动态响应好,可有效改善伺服控制器动态性能,使动平台获得很高的进给速度与加速度,适于高速数控作业。

③ 运动精度高。传统串联机构的加工误差是各个关节的误差积累,而并联机构各个关节的误差可以相互抵消、相互弥补,因此,并联机构是未来机床的发展方向。

④ 功能灵活性强。可构成形式多样的布局和自由度组合,在动平台上安装刀具进行多坐标铣、磨、钻、特种曲面加工等,也可安装夹具进行复杂的空间装配,是柔性化的理想机构。

⑤ 使用寿命长。受力结构合理,运动部件磨损小,不存在铁屑或冷却液进入导轨内部而导致其划伤、磨损或锈蚀现象。

在并联机器人机构体系中,有着多种机构种类划分方法。按照自由度又分为2个自由度、3个自由度、4个自由度、5个自由度、6个自由度的并联机器人。并联机器人使用受限的原因很多,比如工作空间较小、负载能力有限等,目前开发出的被充分研究并被广泛应用的并联机器人数量有限,只有 Stewart、Delta 等少数几类,分别如图 2-13 和图 2-14 所示。

图 2 - 13　Stewart 并联工业机器人　　　图 2 - 14　Delta 并联工业机器人

（3）混联机器人

混联机器人把串联机器人和并联机器人结合起来，集合了串联机器人和并联机器人的优点，既有串联机器人工作空间大、运动灵活的特点，又有并联机器人刚度大、承载能力强的特点。

具有至少一个并联机构、一个或多个串联机构按照一定的方式组合在一起的机构称为混合机构，含有混合机构的机器人称为混联机器人。混联机器人通常有以下三种形式：第一种是并联机构通过其他机构串联而成；第二种是并联机构直接串联在一起；第三种是在并联机构的支链中采用不同的结构。

图 2 - 15 所示为混联机器人结构，其通过一个移动关节把并联机构和串联机构结合在一起，通过串联机构来拓展工作空间，此时机器人的末端就是一个并联机构，其具有较大刚度和高承载能力，从而有效地规避了并联机构工作空间小和串联机构刚度小、承载能力低的缺点，可以完成较大范围内的物体快速抓取等任务。

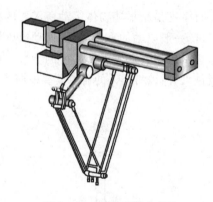

图 2 - 15　混联机器人结构

混联机器人可以在大范围工作空间中高速、高效率地完成大型物体的抓取和搬运工作，因此在物流、装配生产线方面得到广泛应用，如码垛机器人。在物料分拣方面，混联机器人可以高精度、高响应地实现物料的高速分拣，大大提高了效率和准确度。

2.2.5　按机器人的移动方式分类

按机器人的移动方式分类，分为固定式和可移动式机器人两类。

（1）固定式机器人

固定式机器人就是将工业机器人固定在某个底座上，底座不可以移动，只能通过移动各个关节来完成工业机器人空间位置的到达任务。

（2）移动式机器人

移动式机器人可以沿着某个方向或任意方向移动。从工作环境来分，可分为室内移动机器人和室外移动机器人;按移动方式来分,可分为轮式移动机器人、步行移动机器人、蛇形机器人、履带式移动机器人、爬行机器人等;按控制体系结构来分,可分为功能式(水平式)结构机器人、行为式(垂直式)结构机器人和混合式机器人;按功能和用途来分,可分为医疗机器人、军用机器人、助残机器人、清洁机器人等;按作业空间来分,可分为陆地移动机器人、水下机器人、无人飞机和空间机器人。

2.3 工业机器人主要技术参数

☞ 学习指南

◆ 关键词:工业机器人技术参数、自由度。
◆ 相关知识:自由度的定义、定位精度的概念、工作范围。
◆ 小组讨论:通过查阅资料,讨论工业机器人的主要技术参数和特点。

技术参数是各工业机器人制造商在产品供货时所提供的技术数据。尽管各厂商所提供的技术参数项目不完全一样,工业机器人的结构、用途等有所不同,且用户的要求也不同,但是,工业机器人的主要技术参数一般都应有自由度、重复定位精度、工作范围、最大工作速度及承载能力等。

2.3.1 自由度

自由度是指描述物体运动所需要的独立坐标数,机器人的自由度表示机器人的动作灵活的尺度,一般以轴的直线移动、摆动或旋转动作的数目来表示,手部的动作不包括在内。自由度是表示机器人动作灵活程度的参数,自由度越多,机器人越灵活,但结构也越复杂、控制难度也就越大,所以机器人的自由度要根据其用途设计,一般为3~6个,自由度示意图见图2-16。

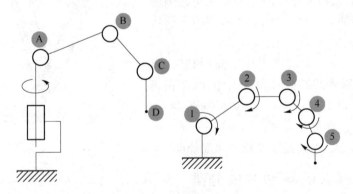

图 2-16 自由度示意图

大于6个的自由度称为冗余自由度。冗余自由度增加了机器人的灵活性,可方便机器人避开障碍物和改善机器人的动力性能。人类的手臂(大臂、小臂、手腕)共有7个自由度,所以工作起来很灵巧,可回避障碍物,并可从不同的方向到达同一个目标位置。图2-17为一种典型的冗余自由度手臂示意图。

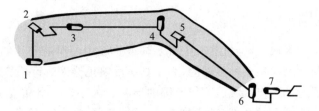

图 2－17 一种典型的冗余自由度手臂示意图

2.3.2 定位精度

精度是一个位置量相对于其参照系的绝对度量,指机器人手臂实际到达位置与所需要到达的理想位置之间的差距,工业机器人的定位精度对其在工业制造中的应用具有重要影响。工业机器人定位精度过低将直接导致装配过程中零件发生碰撞,辅助钻孔精度难以满足航空航天领域的需求,焊接轨迹不能满足预定的焊缝要求。工业机器人定位精度是衡量工业机器人运动性能的重要指标之一,对工业机器人的辅助制造水平起关键作用。机器人的精度由机械部分和控制部分共同决定,取决于机械精度与控制精度,其中又包括绝对定位精度和重复定位精度两种应用精度指标。图 2－18 为重复定位精度与绝对定位精度关系示意图。

(1) 绝对定位精度

工业机器人运动过程中末端位置常存在一定的波动,绝对定位精度指机器人末端执行器的实际位置与目标位置之间的偏差,其受到加工误差、装配误差和零部件磨损等不确定因素的影响。典型的工业机器人绝对定位精度一般在 $\pm(0.2\sim5)$ mm 范围内。

(2) 重复定位精度

重复定位精度是指工业机器人以相同的速度和姿态往复多次运动到空间同一定位点的能力,它是衡量一系列误差值的密集程度,即重复度。目前,工业机器人的重复定位精度能达到 0.1 mm 以下,基本满足现代工业需要。

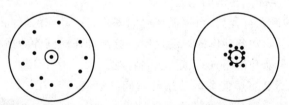

(a) 重复定位精度低且绝对定位精度低   (b) 重复定位精度低但绝对定位精度高

(c) 重复定位精度高但绝对定位精度低   (d) 重复定位精度高且绝对定位精度高

图 2－18 定位精度关系示意图

2.3.3 工作范围

工作范围也叫工作区域,是指机器人手臂末端或手腕中心所能到达的所有点的集合。因为末端操作器的形状和尺寸是多种多样的,为了真实反映机器人的特征参数,所以工作范围是指不安装末端操作器时的工作区域。工作范围的形状和大小是十分重要的,机器人在执行某作业时可能会因为存在手臂不能到达的作业死区而不能完成任务。图 2-19 为 ABB IRB1200 工业机器人工作区域示意图。

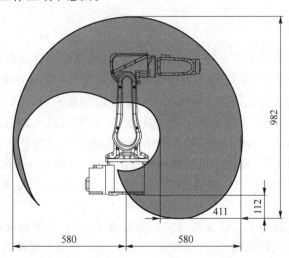

图 2-19 IRB1200 工业机器人工作区域示意图

2.3.4 最大工作速度

工作速度是指机器人在工作载荷条件下、匀速运动过程中,末端执行器中心或工具中心点在单位时间内所移动的距离或转动的角度。

确定机器人手臂的最大行程后,根据循环时间安排每个动作的时间,并确定各动作是同时进行或是顺序进行,就可确定各动作的运动速度。分配动作时间除考虑工艺动作要求外,还要考虑惯性和行程大小、驱动和控制方式、定位和精度要求。

为了提高生产率,要求缩短整个运动循环时间。运动循环包括加速启动、等速运行和减速制动三个过程。过大的加减速度会导致惯性力加大,影响动作的平稳和精度。为了保证定位精度,加减速过程往往占用较长时间。

2.3.5 库卡 KR 5 arc 机器人主要技术参数

KR 5 arc 是库卡机器人系列产品中最小的机器人之一,其 5 kg 的负载能力尤其适用于标准弧焊工作。由于 KR 5 arc 价格优惠、尺寸紧凑等优势,无论是落地安装还是安装在天花板上,KR 5 arc 都能可靠地完成工作任务。KR 5 arc 外观示意图见图 2-20。

图 2-20 KR5 arc 工业机器人

(1) 整体性能

KR 5 arc 机器人整体性能如表 2-1 所列。

(2) 轴运动范围

各轴运动角度范围如表 2-2 所列。

表 2-1 KR 5 arc 机器人整体性能

性 能	参 数
承重能力	5 kg
附加负重	12 kg
最大工作范围	1 412 mm
轴数	6
重复精确度	0.04 mm
本体重量	127 kg
控制系统	KR C2

表 2-2 各轴旋转角度范围表

轴	旋转角度
1	±155°
2	+65°/−180°
3	+158°/−15°
4	±350°
5	±130°
6	±350°

(3) 最大速度

各轴运动最大速度如表 2-3 所列。

表 2-3 各轴运动最大速度

轴	最大速度
轴 1	154(°)/s
轴 2	154(°)/s
轴 3	228(°)/s
轴 4	343(°)/s
轴 5	384(°)/s
轴 6	721(°)/s

习 题

1. 按照工业机器人的结构坐标系特点,其可以分为哪几种?

2. SCARA 机器人的特征是什么?

3. 按照机器人拓扑结构分,机器人有哪几种?分别具有什么特点?

4. 工业机器人控制系统主要包含什么?

5. 描述工业机器人绝对定位精度与重复定位精度有何区别。

第3章　机器人运动学

机器人运动学主要是把机器人相对于固定参考系的运动作为时间的函数进行分析研究,而不考虑引起这些运动的力和力矩。也就是要把机器人的空间位移解析地表示为时间的函数,特别是要研究关节变量和机器人末端执行器位置与姿态之间的关系。

机器人的运动学可用一个开环关节链来建模,此链由数个刚体用转动或移动关节串联而成。开环关节链的一端固定在基座上,另一端是自由的,安装着工具,用以操作物体或完成装配作业。关节的相对运动促使杆件运动,使手臂到达所需的位置和姿态。在很多机器人应用问题中,人们感兴趣的是操作机末端执行器相对于固定参考坐标系的空间描述。

常见的机器人运动学问题可归纳如下:

① 对一给定的机器人,已知杆件几何参数和关节角矢量,求机器人末端执行器相对于参考坐标系的位置和姿态。

② 已知机器人杆件的几何参数,给定机器人末端执行器相对于参考坐标系的期望位姿,机器人能否使其末端执行器达到这个预期的位姿? 如能达到,那么机器人有几种不同形态可满足同样的条件?

第一个问题常称为运动学正问题(直接问题),第二个问题常称为运动学逆问题(解臂形问题)。这两个问题是机器人运动学中的基本问题。

由于机器人手臂的独立变量是关节变量,但作业通常是用参考坐标系来描述的,所以常碰到的是第二个问题,即机器人逆向运动学问题。

1955 年,Denavit 和 Hartenberg 提出了一种采用矩阵代数的系统而广义的方法,来描述机器人手臂杆件相对于固定参考坐标系的空间几何。这种方法使用 4×4 齐次变换矩阵来描述两个相邻的机械刚性构件间的空间关系,把正向运动学问题简化为寻求等价的 4×4 齐次变换矩阵,此矩阵把手臂坐标系的空间变化与参考坐标系联系起来,并且该矩阵还可用于推导手臂运动的动力学方程。而逆向运动学问题则可采用几种方法来求解,最常用的是矩阵代数、迭代和几何方法。

☞ **教学导览**

◆ 本章概述:主要介绍工业机器人的空间描述、坐标变换和运动学正逆解问题。
◆ 知识目标:掌握工业机器人的连杆连接的描述,D-H 参数法的含义。
◆ 能力目标:能够对一般机器人的模型进行坐标系建立和正逆解求解。

3.1　空间描述和坐标变换

☞ **学习指南**

◆ 关键词:齐次变换、旋转变换。
◆ 相关知识:旋转变换的定义、齐次变换的定义。

◆ 小组讨论:齐次变换矩阵推导。

机器人指的是至少包含有一个固定刚体和一个活动刚体的机器装置,其中,基座指的是固定的刚体,而末端执行器指的是活动的刚体。末端执行器和基座之间由诸多连杆和关节连接,末端执行器能够到达空间中的指定位置也是由这些连杆和关节运动使其移动到达的。

要控制机器人进行任务操作,通常是通过控制各个关节的位置来实现的,要完成这个任务首先要知道机器人本身的位姿。位姿指的是每一个关节每一时刻的位置和姿态。描述机器人位姿一般使用空间坐标系的方法。得到相邻关节的位姿关系,串联形成运动链就可以得到基坐标系与末端执行器坐标系之间的关系。

3.1.1　位置描述

三维空间中的任一点,可以用它相对于某一个坐标系的位置矢量来描述。假设建立空间中的任意一点 P,建立坐标系{1},那么点 P 在坐标系{1}中的描述可以表示为

$$
{}^1\boldsymbol{P}=\begin{Bmatrix} p_x \\ p_y \\ p_z \end{Bmatrix} \tag{3-1}
$$

式中,p_x,p_y,p_z 指的是三个坐标分量;${}^1\boldsymbol{P}$ 指的是位置矢量。

3.1.2　姿态描述

空间中的物体还需要描述它的姿态,一般用固定在物体上的坐标系来描述。假设空间中一个刚体,这个刚体上固连了一个坐标系 $\{B\}$,$\{B\}$ 的三个坐标轴方向的单位矢量为 $\boldsymbol{x}_B,\boldsymbol{y}_B,$ $\boldsymbol{z}_B$,那么刚体相对于参考坐标系 $\{A\}$ 的姿态可以用方向余弦组成的 3×3 矩阵表示,也称旋转矩阵 ${}^A_B\boldsymbol{R}$。

$$
{}^A_B\boldsymbol{R}=\begin{bmatrix} \cos(\boldsymbol{x}_A,\boldsymbol{x}_B) & \cos(\boldsymbol{x}_A,\boldsymbol{y}_B) & \cos(\boldsymbol{x}_A,\boldsymbol{z}_B) \\ \cos(\boldsymbol{y}_A,\boldsymbol{x}_B) & \cos(\boldsymbol{y}_A,\boldsymbol{y}_B) & \cos(\boldsymbol{y}_A,\boldsymbol{z}_B) \\ \cos(\boldsymbol{z}_A,\boldsymbol{x}_B) & \cos(\boldsymbol{z}_A,\boldsymbol{y}_B) & \cos(\boldsymbol{z}_A,\boldsymbol{z}_B) \end{bmatrix} \tag{3-2}
$$

假设 θ 为坐标系 $\{B\}$ 相对于参考坐标系 $\{A\}$ 各个坐标轴的旋转角,则绕着坐标系 $\{A\}$ 的 x 轴,y 轴,z 轴旋转的旋转矩阵分别为

$$
\boldsymbol{R}_x(\theta)=\begin{bmatrix} 1 & 0 & 0 \\ 0 & \cos\theta & -\sin\theta \\ 0 & \sin\theta & \cos\theta \end{bmatrix} \tag{3-3}
$$

$$
\boldsymbol{R}_y(\theta)=\begin{bmatrix} \cos\theta & 0 & \sin\theta \\ 0 & 1 & 0 \\ -\sin\theta & 0 & \cos\theta \end{bmatrix} \tag{3-4}
$$

$$
\boldsymbol{R}_z(\theta)=\begin{bmatrix} \cos\theta & -\sin\theta & 0 \\ \sin\theta & \cos\theta & 0 \\ 0 & 0 & 1 \end{bmatrix} \tag{3-5}
$$

旋转矩阵为正交矩阵,且满足如下关系:

$$
{}^A_B\boldsymbol{R}^{-1}={}^A_B\boldsymbol{R}^{\mathrm{T}},\ |{}^A_B\boldsymbol{R}|=1 \tag{3-6}
$$

在三维空间中,任意选取一个坐标系均可以描述一个物体的位姿,而机器人轨迹规划或其

他问题解决过程中,需要在不同的坐标系中去描述物体的位姿。

3.1.3 平移坐标变换

坐标系$\{B\}$是相对于参考坐标系$\{A\}$平移一定距离得到的,点P是$\{B\}$坐标系上的一点,它在$\{B\}$坐标系的位置用矢量^BP表示。$^AP_{BORG}$表示$\{B\}$坐标系原点相对于坐标系$\{A\}$原点的偏移矢量,如图3-1所示。^AP表示P在坐标系$\{A\}$中的位置矢量。由于^BP和^AP姿态相同,他们之间的关系可以表达为

$$^AP = {^BP} + {^AP}_{BORG} \tag{3-7}$$

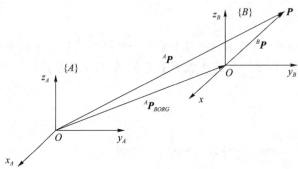

图3-1 坐标系$\{A\}$平移得到坐标系$\{B\}$

3.1.4 旋转坐标变换

若坐标系$\{A\}$只经过旋转得到坐标系$\{B\}$,那么^BP和^AP的变换关系变为

$$^AP = {^A_BR}{^BP} \tag{3-8}$$

关系式(3-8)是矢量变换的描述,将空间某点相对于$\{B\}$的描述^BP转换为该点相对于$\{A\}$的描述^AP。

可以看出这种符号表示有助于跟踪映射过程和参考坐标系的变化,可看出该符号记法的好处是左下标正好消掉后面变量的左上标。

3.1.5 齐次坐标变换

当坐标系$\{A\}$既要旋转,同时还须平移才能得到坐标系$\{B\}$时,^BP和^AP的关系变得更为复杂。可以假设一个坐标系$\{C\}$,这个坐标系和坐标系$\{A\}$的姿态相同,原点和坐标系$\{B\}$的原点重合。整个变换过程可以由^BP左乘旋转矩阵^A_BR,然后再用矢量加法将原点平移得到。最后的关系式为

$$^AP = {^A_BR}{^BP} + {^AP}_{BORG} \tag{3-9}$$

如果将^AP和^BP扩充成四维向量,将变成

$$U_1 = \begin{pmatrix} {^AP} \\ 1 \end{pmatrix} \tag{3-10}$$

$$U_2 = \begin{pmatrix} {^BP} \\ 1 \end{pmatrix} \tag{3-11}$$

U_1又可以写成:

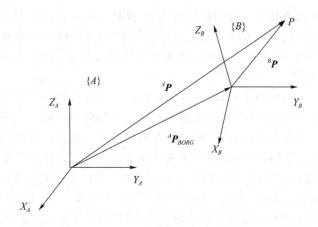

图 3 - 2　坐标系 {A} 平移，旋转得到坐标系 {B}

$$U_1 = \begin{pmatrix} {}^{A}\!\boldsymbol{P} \\ 1 \end{pmatrix} = \begin{Bmatrix} {}^{A}_{B}\boldsymbol{R} & 0 \\ 0 & 0 \end{Bmatrix} \begin{pmatrix} {}^{B}\!\boldsymbol{P} \\ 1 \end{pmatrix} + \begin{Bmatrix} 0 & \boldsymbol{P}_{BORG} \\ 0 & 1 \end{Bmatrix} \begin{pmatrix} {}^{B}\!\boldsymbol{P} \\ 1 \end{pmatrix} = \begin{Bmatrix} {}^{A}_{B}\boldsymbol{R} & 0 \\ 0 & 0 \end{Bmatrix} U_2 + \begin{Bmatrix} 0 & \boldsymbol{P}_{BORG} \\ 0 & 1 \end{Bmatrix} \begin{pmatrix} {}^{B}\!\boldsymbol{P} \\ 1 \end{pmatrix} U_2$$

$$(3-12)$$

那么，可以得到

$$U_1 = \begin{Bmatrix} {}^{A}_{B}\boldsymbol{R} & \boldsymbol{P}_{BORG} \\ 0 & 1 \end{Bmatrix} U_2 = \boldsymbol{T} U_2 \qquad\qquad (3-13)$$

其中：

$$\boldsymbol{T} = \begin{bmatrix} {}^{A}_{B}\boldsymbol{R} & \boldsymbol{P}_{BORG} \\ 0 & 1 \end{bmatrix} \qquad\qquad (3-14)$$

把 4×4 的矩阵 $\boldsymbol{T}$ 称为齐次变换矩阵，这样，因旋转而进行的坐标变换与因平移而进行的坐标变换就可以同时用一个坐标变换矩阵 $\boldsymbol{T}$ 来表示。

正如用旋转矩阵定义姿态，也可以用齐次变换定义坐标系。尽管上述推导是在映射中引出齐次变换，但是齐次变换仍然可以用来描述坐标系。坐标系 {B} 相对于坐标系 {A} 的齐次变换描述为 ${}^{A}_{B}\boldsymbol{T}$。

3.2　机器人正运动学

☞ **学习指南**

- ◆ 关键词：连杆坐标系、连杆参数、D - H 参数法。
- ◆ 相关知识：连杆参数的含义、连杆坐标系建立步骤。
- ◆ 小组讨论：移动关节和旋转关节的连杆参数的区别。

3.2.1　连杆描述

机器人可以看作是由一系列刚体通过关节连接而成的一个运动链，这些刚体一般被称为连杆。给机器人的每一连杆建立一个坐标系，通过齐次变换来描述这些坐标系之间的相对位置和姿态就可以获得末端执行器相对于基准坐标系的齐次变换矩阵，即获得机器人的运动方程。

机器人是由一系列连接在一起的连杆构成的,连杆之间通常由仅具有一个自由度的关节连接在一起。从机器人的固定基座开始为连杆进行编号,可以称固定基座为连杆0,第一个可动连杆为连杆1,以此类推,机器人最末端的连杆为连杆n。为了确定机器人末端执行器在空间中的位置和姿态,机器人至少需要6个关节。

一个连杆的运动可以用两个参数描述,即连杆长度和连杆转角。连杆长度用来描述两相邻关节轴公垂线的长度,连杆转角用来描述两相邻关节轴轴线之间的夹角。相邻两个连杆的连接方式也可以由两个参数来描述,即连杆偏距和关节角。连杆偏距用来描述沿两相邻连杆公共轴线方向的距离,关节角用来描述两相邻连杆绕公共轴线旋转的夹角。

图3-3为相互连杆关系图,图中相互连接的连杆$i-1$和连杆i,关节轴$i-1$和关节轴i之间的公垂线的长度为a_{i-1},也就是连杆$i-1$的长度;关节轴$i-1$和关节轴i之间的夹角为α_{i-1}。同样,a_i表示连接连杆i两端关节轴的公垂线长度,即连杆i的长度。连杆偏距d_i表示公垂线a_{i-1}与关节轴i的交点到公垂线a_i与关节轴i的交点的有向距离。若当前关节是移动关节,则连杆偏距d_i是一个变量。关节角θ_i表示公垂线a_{i-1}的延长线与公垂线a_i之间绕关节轴i旋转所形成的夹角。当关节i是转动关节时,关节角θ_i是一个变量。

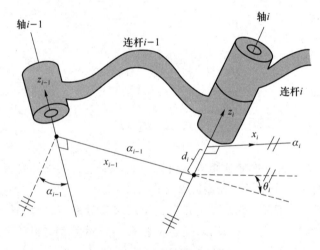

图3-3 相邻连杆关系图

机器人是由一系列连接在一起的连杆构成的,每个连杆可以用四个运动学参数来描述,其中两个参数用于描述连杆本身,另外两个参数用于描述连杆之间的连接关系。一般来说,对于转动关节,关节角是变量,其余三个连杆参数是固定不变的;对于移动关节,连杆偏距是变量,其余三个连杆参数是固定不变的。这种用连杆参数描述机构运动关系的方法称为Denavit Hartenberg法,简称D-H参数法。对于一个6转动关节的机器人,可以用6组(a_i、α_i、d_i)描述其18个固定参数,而每一个θ_i是变量。

3.2.2 连杆坐标系的建立

要描述每个连杆与相邻连杆之间的相对位置关系,就需要在每一个连杆上定义一个固连坐标系。根据Craig法则建立了连杆的固连坐标系,见图3-3。

Craig法则规定每一杆件的坐标系z轴和原点固连在杆件的前一个轴线上,固连在连杆i上的固连坐标系称为坐标系$\{i\}$,坐标系$\{i\}$的原点位于关节轴$i-1$和i的公垂线与关节i轴线的交点上。如果两相邻关节轴轴线相交于一点,那么坐标系原点就在这一交点上。如果两轴线平行,那么就选择原点使对下一连杆的距离为零。坐标系 $\{i\}$ 的 z 轴和关节 $\{i\}$ 的轴线重合,坐标系 $\{i\}$ 的 x 轴在关节轴 i 和 $i+1$ 的公垂线上,方向从 i 指向 $i+1$,坐标系 $\{i\}$ 的 y 轴由右手定则确定。

把固连在连杆 0,也就是基座上的坐标系定义为坐标系 $\{0\}$。坐标系 $\{0\}$ 固定不动,在研究机器人运动学问题时,经常把基座上的坐标系作为参考坐标系,其他连杆坐标系的位置可以在这个参考坐标系中描述。

综上所述,连杆参数可以归纳如下:

① a_i 为沿 x_i 轴,从 z_i 移动到 x_i 的距离;

② α_i 为绕 x_i 轴,从 z_i 旋转到 z_{i+1} 的角度;

③ d_i 为沿 z_i 轴,从 x_{i-1} 移动到 x_i 的距离;

④ θ_i 为绕 z_i 轴,从 x_{i-1} 旋转到 x_i 的角度。

a_i 对应的是距离,其值通常设定为正,其余三个参数的值可以为正,也可以为负。因为 α_i 和 θ_i 分别是绕 x_i 和 z_i 轴旋转定义的,所以它们的正负根据判定旋转矢量方向的右手定则来确定。d_i 为沿 z_i 轴,从 x_{i-1} 移动到 x_i 的距离,距离移动时与 z_i 正向一致时符号取正。需要指出的是,在计算相邻两坐标系间的齐次变换矩阵时,参数由下标为 $i-1$ 的连杆参数 a_{i-1}、α_{i-1},以及下标为 i 的关节参数 d_i、θ_i 构成,下标没有完全统一。

对于一个机器人,建立起所有连杆的坐标系步骤如下:

① 找出各关节轴,并标出这些轴线的延长线。

② 找出关节轴 i 和 $i+1$ 之间的公垂线或关节轴 i 和 $i+1$ 之间的交点,以该公垂线和关节轴 i 的交点或关节轴 i 和 $i+1$ 之间的交点作为连杆坐标系 $\{i\}$ 的原点。

③ 规定 z_i 轴沿关节轴 i 的方向。

④ 规定 x_i 由沿公垂线 a_i 的方向,由关节轴 i 指向关节轴 $i+1$。如果关节轴 i 和 $i+1$ 相交,则规定 x_i 轴垂直于这两条关节轴所在的平面。

⑤ 按照右手定则确定 y_i 轴。

⑥ 当第一个关节变量为 0 时,规定坐标系 $\{0\}$ 和 $\{1\}$ 重合。对于坐标系 $\{n\}$,其原点和 x_n 轴的方向可以任意选取,但在选取时,通常尽量使连杆参数为 0。

对机器人的每个连杆建立固连坐标系后,就能够通过两个旋转和两个平移来建立坐标系 $\{i\}$ 对于坐标系 $\{i+1\}$ 的变换。为每个连杆定义三个中间坐标系 $\{P\}$、$\{Q\}$ 和 $\{R\}$,如图 3-4 所示。

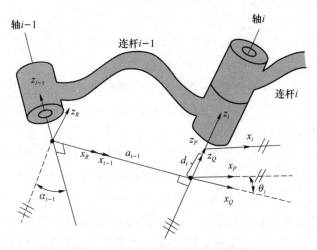

图 3-4　相邻连杆坐标系的转换

相邻两个连杆坐标系 $\{i-1\}$ 对于坐标系 $\{i\}$ 的变换可由下述步骤实现：

① 绕 x_{i-1} 轴旋转 α_{i-1} 角，使坐标系 $\{i\}$ 过渡到坐标系 $\{R\}$，z_{i-1} 转到 z_R，并与 z_i 方向一致。

② 坐标系 $\{R\}$ 沿 x_{i-1} 轴或者 x_R 轴平移 a_{i-1} 距离，把坐标系移到关节轴 $\{i\}$ 上，使坐标系 $\{R\}$ 过渡到坐标系 $\{Q\}$。

③ 坐标系 $\{Q\}$ 绕 z_i 轴或 z_Q 轴旋转 θ_i 角，使坐标系 $\{Q\}$ 过渡到坐标系 $\{P\}$。

④ 坐标系 $\{P\}$ 再沿 z_i 轴平移 d_i 距离，使坐标系 $\{P\}$ 和坐标系 $\{i\}$ 重合。

这样，就可以把坐标系 $\{i\}$ 中定义的矢量变换成在坐标系 $\{i-1\}$ 中的描述。根据坐标系变换的链式法则，坐标系 $\{i-1\}$ 到坐标系 $\{i\}$ 的变换矩阵可以写成如下形式：

$$_{i}^{i-1}\boldsymbol{T}=_{R}^{i-1}\boldsymbol{T}_{Q}^{R}\boldsymbol{T}_{P}^{Q}\boldsymbol{T}_{i}^{P}\boldsymbol{T} \tag{3-15}$$

$$_{i}^{i-1}\boldsymbol{T}=\begin{bmatrix} \cos\theta_i & -\sin\theta_i & 0 & a_{i-1} \\ \sin\theta_i\cos\alpha_{i-1} & \cos\theta_i\cos\alpha_{i-1} & -\sin\alpha_{i-1} & -d_i\sin\alpha_{i-1} \\ \sin\theta_i\sin\alpha_{i-1} & \cos\theta_i\sin\alpha_{i-1} & \cos\alpha_{i-1} & d_i\cos\alpha_{i-1} \\ 0 & 0 & 0 & 1 \end{bmatrix} \tag{3-16}$$

3.2.3 机器人正运动学的一般表示

前面介绍了任意两个坐标系之间的坐标变换，而机器人一般是由多个关节组成的，各关节之间的坐标变换可以通过坐标变换相乘后，结合在一起进行求解。因此，可以把机器人的运动模型看作是一系列关节连接起来的连杆机构。以六自由度工业机器人为例，如若要分析其运动，可将上述方法进行扩展。

人们把描述一个连杆与下一个连杆间相对关系的齐次变换称为 $\boldsymbol{T}$ 矩阵。一个 $\boldsymbol{T}$ 矩阵就是一个描述连杆坐标系间相对平移和旋转的齐次变换。如果用 $_1^0\boldsymbol{T}$ 表示第一个连杆在基准坐标系的位置和姿态，$_2^1\boldsymbol{T}$ 表示第二个连杆相对第一个连杆的位置和姿态，那么第二个连杆在基准坐标系的位置和姿态可由下列矩阵的乘积求得

$$\boldsymbol{T}_2=_1^0\boldsymbol{T}_2^1\boldsymbol{T} \tag{3-17}$$

$_3^2\boldsymbol{T}$ 表示第三个连杆相对第二个连杆的位置和姿态，第三个连杆在基坐标系的位置和姿态可由下列矩阵的乘积求得

$$\boldsymbol{T}_3=_1^0\boldsymbol{T}_2^1\boldsymbol{T}_3^2\boldsymbol{T} \tag{3-18}$$

对于六自由度的机器人，可得到矩阵：

$$\boldsymbol{T}_6=_1^0\boldsymbol{T}_2^1\boldsymbol{T}_3^2\boldsymbol{T}_4^3\boldsymbol{T}_5^4\boldsymbol{T}_6^5\boldsymbol{T} \tag{3-19}$$

一般地，每个连杆有一个自由度，因此六连杆组成的机器人具有六个自由度，并能在其运动范围内任意定位与定姿。其中，三个自由度用于规定位置，另外三个自由度用来规定姿态，因此，$\boldsymbol{T}_6$ 表示了机器人的位置和姿态。

对于具有 n 个关节的机器人，固定在末端工具上的坐标系定义为 $O_n-X_nY_nZ_n$，则从坐标系 $O_n-X_nY_nZ_n$ 到基准坐标系 $O_0-X_0Y_0Z_0$ 的坐标变换矩阵 $\boldsymbol{T}$ 为

$$\boldsymbol{T}_n=_1^0\boldsymbol{T}_2^1\boldsymbol{T}_3^2\boldsymbol{T}_4^3\boldsymbol{T}\cdots_n^{n-1}\boldsymbol{T} \tag{3-20}$$

$\boldsymbol{T}$ 既可以认为是末端工具坐标系 $O_n-X_nY_nZ_n$ 到基座坐标系 $O_0-X_0Y_0Z_0$ 的坐标变换矩阵，也可以认为是在基准坐标系 $O_0-X_0Y_0Z_0$ 上看到的表示工具位置和姿态的矩阵。

3.3　机器人逆运动学

☞ **学习指南**

◆ 关键词：机器人逆运动学。

◆ 相关知识：机器人运动学逆解求解过程。

◆ 小组讨论：机器人运动学逆解是否唯一。

机器人运动学逆解就是已知末端操作器的位姿，反方向求解各个关节的变量值。其结果存在多样性和复杂性，且计算过程比较复杂。目前求逆解的方法有几何法、数值法、解析法、反变换法等。下面以一个适用于 6 自由度操作臂的逆运动学代数解法为例，进行操作臂逆运动学求解。

① 通过前面内容的阐述，以 PUMA560 为例，机器人第 6 个连杆相对于基准坐标系的位置和姿态为

$$
{}^0_6\boldsymbol{T}={}^0_1\boldsymbol{T}(\theta_1){}^1_2\boldsymbol{T}(\theta_2){}^2_3\boldsymbol{T}(\theta_3){}^3_4\boldsymbol{T}(\theta_4){}^4_5\boldsymbol{T}(\theta_5){}^5_6\boldsymbol{T}(\theta_6) \tag{3-21}
$$

其齐次变换矩阵公式为

$$
{}^0_6\boldsymbol{T}={}^0_1\boldsymbol{T}{}^1_6\boldsymbol{T}=
\begin{bmatrix}
n_x & o_x & a_x & p_x \\
n_y & o_y & a_y & p_y \\
n_z & o_z & a_z & p_z \\
0 & 0 & 0 & 1
\end{bmatrix} \tag{3-22}
$$

式（3-21）两侧同时乘以 ${}^0_1\boldsymbol{T}^{-1}$，联立式（3-22）可得

$$
\boldsymbol{M}={}^0_1\boldsymbol{T}^{-1}{}^0_6\boldsymbol{T}={}^1_2\boldsymbol{T}{}^2_3\boldsymbol{T}{}^3_4\boldsymbol{T}{}^4_5\boldsymbol{T}{}^5_6\boldsymbol{T}=\boldsymbol{S} \tag{3-23}
$$

式中，${}^0_1\boldsymbol{T}^{-1}$ 为根据 PUMA56 的参数可以得出的已知矩阵。令式（3-23）左边等于 M_1，右边等于 S_1，则

$$
\boldsymbol{M}_1=
\begin{bmatrix}
c_1 & s_1 & 0 & -a_1 \\
0 & 0 & -1 & d_1 \\
-s_1 & c_1 & 0 & 0 \\
0 & 0 & 0 & 1
\end{bmatrix}
\begin{bmatrix}
n_x & o_x & a_x & p_x \\
n_y & o_y & a_y & p_y \\
n_z & o_z & a_z & p_z \\
0 & 0 & 0 & 1
\end{bmatrix} \tag{3-24}
$$

$$
\boldsymbol{S}_1=
\begin{bmatrix}
c_{23}(c_4c_5c_6+s_4s_6)-s_{23}s_5s_6 & c_{23}(s_4s_6-c_4c_5c_6)+s_{23}s_5s_6 & c_{23}c_4c_5+s_{23}c_5 & -d_4s_{23}+a_3c_{23}+a_2c_2 \\
s_{23}(c_4c_5c_6+s_5c_6+s_4s_6) & -s_{23}c_4c_5c_6-c_{23}s_5s_6+s_{23}s_4s_6 & s_{23}c_4c_5-c_{23}c_5 & d_4c_{23}+a_3s_{23}+a_2s_2 \\
-s_4c_5c_6+c_4s_6 & s_4c_5s_6+c_4c_6 & -s_4s_5 & 0 \\
0 & 0 & 0 & 1
\end{bmatrix}
$$

$$
\tag{3-25}
$$

式中，$c_1=\cos\theta_1$；$s_1=\sin\theta_1$。由于 $\boldsymbol{M}_1(3,4)=\boldsymbol{S}_1(3,4)$，$-s_1p_1+c_1p_1=0$。

因此，根据三角形恒等变换可得出

$$
\theta_1=\arctan 2(p_y,p_x) \tag{3-26}
$$

让 $\boldsymbol{M}$ 矩阵和 $\boldsymbol{S}$ 矩阵中的元素（1,4）和（2,4）分别相等，则

$$\begin{cases} \boldsymbol{M}(1,4)=\boldsymbol{S}(1,4) \\ \boldsymbol{M}(1,4)=\cos(\theta_1)p_x+\sin(\theta_1)p_y-a_1 \\ \boldsymbol{S}(1,4)=a_3\cos(\theta_2+\theta_3)-d_4\sin(\theta_2+\theta_3)+a_2\cos(\theta_2) \\ \boldsymbol{M}(2,4)=\boldsymbol{S}(2,4) \\ \boldsymbol{M}(2,4)=-p_z+d_1 \\ \boldsymbol{S}(2,4)=a_3\sin(\theta_2+\theta_3)+d_4\cos(\theta_2+\theta_3)+a_2\sin(\theta_2) \end{cases} \quad (3-27)$$

左右变换公式可以得到

$$\begin{cases} -d_4s_{23}+a_3c_{23}=c_1p_x+s_1p_y-a_2c_2 \\ d_4c_{23}+a_3s_{23}=-p_x+d_1p_y-a_2s_2 \end{cases} \quad (3-28)$$

化简后可得到方程式：

$$(d_1p_y-p_x)s_2+(c_1p_x+s_1p_y)c_2=[(c_1p_1+s_1p_1)^2+(d_1p_y-p_x)+a_2^2-a_3^2-a_4^2]/2a_2 \quad (3-29)$$

由于 θ_1 已求出，进而可以求得

$$\theta_2=\arctan[M,\pm\sqrt{(d_1p_y-p_x)^2+(c_1p_x+s_1p_y)^2-H^2}]-\arctan2[(c_1p_x+s_1p_y),(d_1p_y-p_x)] \quad (3-30)$$

根据式（3-30）可以求得机器人第二关节角在 $[-180°,180°]$ 区间有两个解。

② 式（3-21）两边同时乘 $^1\boldsymbol{T}_2^{-1}{}^0\boldsymbol{T}_1^{-1}$，可得

$$\boldsymbol{M}_2=\begin{bmatrix} c_1c_2 & s_1c_2 & -s_2 & -a_1c_2+c_2c_2-c_2 \\ -c_2s_2 & -s_1s_2 & -c_2 & a_1s_2+c_2d_1 \\ -s_1 & c_1 & 0 & 0 \\ 0 & 0 & 0 & 1 \end{bmatrix}\begin{bmatrix} n_x & o_x & a_x & p_x \\ n_y & o_y & a_y & p_y \\ n_z & o_z & a_z & p_z \\ 0 & 0 & 0 & 1 \end{bmatrix} \quad (3-31)$$

$$\boldsymbol{S}_2=\begin{bmatrix} A_1 & A_2 & c_3c_4s_5+s_3c_5 & -d_4s_3+a_3c_3 \\ A_3 & A_4 & s_3c_4s_5-c_3c_5 & d_4c_3+a_3s_3 \\ A_5 & A_6 & -s_4s_5 & 0 \\ 0 & 0 & 0 & 1 \end{bmatrix} \quad (3-32)$$

其中：

$$\begin{cases} \boldsymbol{A}_1=(c_2c_{23}+s_2s_{23})(c_4c_5c_6+s_4s_6)+s_5(s_2c_{23}c_6-c_2s_{23}s_6) \\ \boldsymbol{A}_2=(c_2c_{23}+s_2s_{23})(-c_4c_5c_6+s_4s_6)+s_5s_6(c_2c_{23}-s_2s_{23}) \\ \boldsymbol{A}_3=(c_2c_{23}-s_2s_{23})(c_4c_5c_6+s_4s_6)+s_5(s_2s_{23}s_6+c_2c_{23}c_6) \\ \boldsymbol{A}_4=(c_2c_{23}-s_2s_{23})(-c_4c_5c_6+s_4s_6)+s_5s_6(s_2c_{23}+c_2c_{23}) \\ \boldsymbol{A}_5=-s_4c_5c_6+c_4s_6 \\ \boldsymbol{A}_6=s_4c_5c_6+c_4c_6 \end{cases} \quad (3-33)$$

将式（3-33）代入式（3-32），并设 $N=-c_2s_2p_x-s_1s_2p_y-c_2p_z+a_1s_2+c_2d_1$，根据 $\boldsymbol{M}_2(2,4)=\boldsymbol{S}_2(2,4)$，可得

$$\theta_3=\arctan2[S,\pm\sqrt{a_3^2+d_4^2-N^2}]-\arctan2(d_4,a_3) \quad (3-34)$$

由式（3-34）可以得出第三关节角 θ_3 在 $[-180°,180°]$ 区间有两个解：$\theta_2>\dfrac{\pi}{2}$，$\theta_3=\theta_2-2\pi$；$\theta_2\leqslant$

$\dfrac{-3\pi}{2}$，$\theta_3 = \theta_2 + 2\pi$。

③ 式(3-21)两边同时左乘$({}^0\boldsymbol{T}_1^{11}\boldsymbol{T}_2^2\boldsymbol{T}_3)^{-1}$，可得

$$\boldsymbol{M}_3 = \begin{bmatrix} c_1 c_{23} & s_1 c_{23} & -s_{23} & -a_1 c_{23} + d_1 s_{23} - a_2 c_3 - a_3 \\ s_1 & -c_1 & 0 & a_1 s_{23} + c_{23} d_1 + a_2 s_{23} \\ -c_1 s_{23} & -s_1 s_{23} & -c_{23} & a_1 s_{23} + d_1 c_{23} + a_2 s_{23} \\ 0 & 0 & 0 & 1 \end{bmatrix} \begin{bmatrix} n_x & o_x & a_x & p_x \\ n_y & o_y & a_y & p_y \\ n_z & o_z & a_z & p_z \\ 0 & 0 & 0 & 1 \end{bmatrix} \quad (3-35)$$

$$\boldsymbol{S}_3 = \begin{bmatrix} c_4 c_5 c_6 + s_4 s_6 & -c_4 c_5 c_6 + s_4 s_6 & c_4 s_5 & 0 \\ s_4 c_5 c_6 - c_4 s_6 & -s_4 c_5 c_6 - c_4 c_6 & s_5 s_4 & 0 \\ s_5 c_6 & -s_5 s_6 & -c_5 & d_4 \\ 0 & 0 & 0 & 1 \end{bmatrix} \quad (3-36)$$

由 $\boldsymbol{M}_1(3,4) = \boldsymbol{S}_1(3,4)$ 和 $\boldsymbol{M}_2(2,4) = \boldsymbol{S}_2(2,4)$ 得到如下两个关系式：

$$\begin{cases} c_4 s_5 = c_1 c_{23} a_x + s_1 c_{23} a_y - s_{23} a_z \\ s_4 s_5 = s_1 a_x - c_1 a_y \end{cases} \quad (3-37)$$

根据式(3-35)、式(3-36)和式(3-37)可以求得

$$\theta_4 = \arctan2(s_4 s_5, c_4 s_5)$$

由此得出第四关节角在$[-\pi, \pi]$中存在唯一解。

④ 联立关系式 $\boldsymbol{M}_3(2,3) = \boldsymbol{S}_3(2,3)$ 和 $\boldsymbol{M}_3(3,3) = \boldsymbol{S}_3(3,3)$ 可以求出第五关节角 θ_5，过程如下：

$$\begin{cases} \boldsymbol{M}_3(2,3) = (s_4 s_1 + c_1 c_4 \cos_{23})a_x + (c_4 s_1 c_{23} - c_1 s_4)a_y - s_{23} c_4 a_z \\ \boldsymbol{S}_3(2,3) = s_5 \\ \boldsymbol{M}_3(3,3) = -s_{23} c_1 a_x - s_{23} s_1 a_y - c_{23} a_z \\ \boldsymbol{S}_3(3,3) = -c_5 \end{cases} \quad (3-38)$$

令　　　　　$k_1 = (s_4 s_1 + c_1 c_4 \cos_{23})a_x + (c_4 s_1 c_{23} - c_1 s_4)a_y - s_{23} c_4 a_z$，求解得

$$k_2 = -s_{23} c_1 a_x - s_{23} s_1 a_y - c_{23} a_z$$

$$\theta_5 = \arctan2(k_1 - k_2) \quad (3-39)$$

由此得出第五关节角在$[-\pi, \pi]$中存在唯一解。

⑤ 用类似的方法可以继续求解 θ_6，步骤如下：

联立关系式 $\boldsymbol{M}_3(3,1) = \boldsymbol{S}_3(3,1)$ 和 $\boldsymbol{M}_3(3,2) = \boldsymbol{S}_3(3,2)$，可以得出

$$\begin{cases} -s_5 s_6 = c_1 s_{23} o_x - s_1 s_{23} o_y - c_{23} o_z \\ s_5 c_6 = -c_1 s_{23} n_x - s_1 s_{23} n_y - c_{23} n_z \end{cases} \quad (3-40)$$

经过计算可以得出结果：

$$\theta_6 = \arctan2(s_5 s_6, s_5 c_6) \quad (3-41)$$

由此可得出第六关节角在$[-\pi, \pi]$中存在唯一解。

3.4　ABB1410 焊接机器人运动学分析

☞ 学习指南

◆ 关键词：ABB1410、焊接机器人。

◆ 相关知识：ABB1410 焊接机器人特点，机器人运动学正解求解过程。

◆ 小组讨论：ABB1410 机器人 D-H 参数表的建立。

3.4.1 ABB1410 焊接机器人简介

（1）ABB1410 焊接机器人主要参数

① IRB1410 手腕荷重 5 kg；

② IRB1410 的速度和定位均可调整，能达到最佳的制造精度，次品率极低；

③ IRB1410 噪声水平低、例行维护间隔时间长、使用寿命长；

④ IRB1410 的工作范围大、到达距离长、结构紧凑，该款机器人在弧焊应用中历经考验，性能出众。

（2）IRB1410 焊接机器人的优点

① 可靠性好，坚固且耐用。其以坚固可靠的结构而著称，由此带来的其他优势是噪声低，例行维护间隔时间长，使用寿命长。

② 稳定、可靠，适用范围广。卓越的控制水平，精度达 0.05 mm，确保了出色的工作质量。该机器人工作范围大、到达距离长（最长 1.4 m）结构紧凑、手腕极为纤细，即使在条件苛刻、限制颇多的场所，仍能实现高性能操作。承重能力为 5 kg，上臂可承受 18 kg 的附加载荷。

③ 高速、较短的工作周期。机器人本体坚固，配备快速精确的 IRC5 控制器[11]，可有效缩短工作周期，提高生产率。

④ 专为弧焊而设计。设有送丝机走线安装孔，采取优化设计，便于机械臂搭载工艺设备。并且内置弧焊功能，可通过示教器进行编程操作。

3.4.2 ABB1410 焊接机器人运动学模型

（1）确定 D-H 坐标系

D-H 参数全称是 Denavit-Hartenberg 参数，是一种机器人领域描述机器人结构的参数。用这些参数可以来描述机器人的机构，也可以进行运动学算法的推导与解算。连杆尺寸的确定方法，如图 3-5 所示。

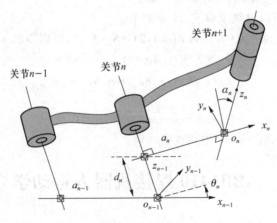

图 3-5　连杆坐标系的建立方法

参数具体计算方法如下：

杆件回转角 θ_n：绕 Z_{n-1} 轴旋转，使 X_{n-1} 与 X_n 平行；杆件偏移量 d_n：沿 Z_{n-1} 轴平移，使 X_{n-1} 与 X_n 重合；杆件长度 a_n：沿 X_n 轴平移，使两坐标系原点重合；杆件扭转角 α_n：绕 X_n 轴旋转，由 Z_{n-1} 转向 Z_n 使两坐标系重合。IRB1410 焊接机器人具有 6 个自由度，根据 $D-H$ 法建立的杆件坐标系如图 $3-6$ 所示，$D-H$ 参数如表 $3-1$ 所列。

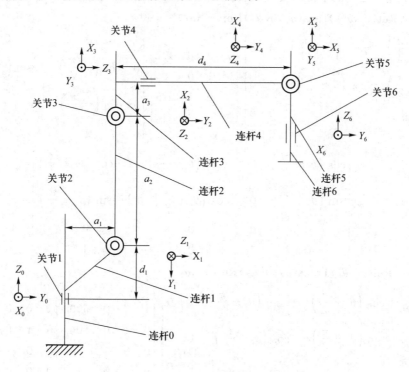

图 3 - 6 IRB1410 焊机机器人连杆坐标系

表 3 - 1 D - H 参数

关 节 i	$\theta/(°)$	$d/(\text{mm})$	$a/(\text{mm})$	$\alpha/(°)$	运动范围/(°)
1	90	475	170	-90	$-170 \sim 170$
2	90	0	600	0	$-70 \sim 65$
3	0	0	120	-90	$-65 \sim 70$
4	0	805	0	90	$-150 \sim 150$
5	-90	0	0	90	$-115 \sim 115$
6	90	0	0	0	$-300 \sim 300$

建立连杆坐标系：通过坐标系的平移、旋转来实现 $\{n-1\}$ 坐标系到 $\{n\}$ 坐标系的变换，利用齐次变换矩阵表达。两杆间的位姿矩阵：

$$\boldsymbol{T}_n = \mathbf{Rot}(z, \theta_n)\mathbf{Trans}(0, 0, d_n)\mathbf{Trans}(a_n, 0, 0)\mathbf{Rot}(x, \alpha_n)$$

$$= \begin{bmatrix} \cos\theta_n & -\sin\theta_n\cos\alpha_n & \sin\theta_n\sin\alpha_n & a_n\cos\theta_n \\ \sin\theta_n & \cos\theta_n\cos\alpha_n & -\cos\theta_n\sin\theta_n & a_n\sin\theta_n \\ 0 & \sin\theta_n & \cos\alpha_n & d_n \\ 0 & 0 & 0 & 1 \end{bmatrix} \quad (3-42)$$

一般计算中为方便计算，连杆参数多数取特殊值，即 $\alpha_n = 0$ 或者 $d_n = 0$。

（2）建立正运动学方程

通过建立连杆坐标系可转换任意两坐标系之间的坐标，IRB1410 是 6 自由度工业机器人，可以通过六个连杆之间的坐标的变换，组合联乘求解，即为机器人末端操作器的空间位姿。

$$T_1 = \mathbf{Rot}(z_1, \theta_1)\mathbf{Trans}(a_1, 0, d_1)\mathbf{Rot}(x_1, \alpha_1)$$

$$= \begin{bmatrix} \cos\left(\theta_1+\frac{\pi}{2}\right) & -\sin\left(\theta_1+\frac{\pi}{2}\right) & 0 & 0 \\ \sin\left(\theta_1+\frac{\pi}{2}\right) & \cos\left(\theta_1+\frac{\pi}{2}\right) & 0 & 0 \\ 0 & 0 & 0 & 0 \\ 0 & 0 & 0 & 1 \end{bmatrix} \begin{bmatrix} 1 & 0 & 0 & 170 \\ 0 & 1 & 0 & 0 \\ 0 & 0 & 1 & 475 \\ 0 & 0 & 0 & 1 \end{bmatrix} \begin{bmatrix} 1 & 0 & 0 & 0 \\ 0 & \cos\left(-\frac{\pi}{2}\right) & -\sin\left(-\frac{\pi}{2}\right) & 0 \\ 0 & \sin\left(-\frac{\pi}{2}\right) & \cos\left(-\frac{\pi}{2}\right) & 1 \\ 0 & 0 & 0 & 1 \end{bmatrix}$$

$$= \begin{bmatrix} \cos\left(\theta_1+\frac{\pi}{2}\right) & 0 & -\sin\left(\theta_1+\frac{\pi}{2}\right) & 170\cos\left(\theta_1+\frac{\pi}{2}\right) \\ \sin\left(\theta_1+\frac{\pi}{2}\right) & 0 & \cos\left(\theta_1+\frac{\pi}{2}\right) & 170\sin\left(\theta_1+\frac{\pi}{2}\right) \\ 0 & 0 & 0 & 0 \\ 0 & 0 & 0 & 1 \end{bmatrix} \tag{3-43}$$

$$T_2 = \mathbf{Rot}(z_2, \theta_2)\mathbf{Trans}(a_2, 0, d_2)\mathbf{Rot}(x_2, \alpha_2)$$

$$= \begin{bmatrix} \cos\left(\theta_2+\frac{\pi}{2}\right) & -\sin\left(\theta_2+\frac{\pi}{2}\right) & 0 & 0 \\ \sin\left(\theta_2+\frac{\pi}{2}\right) & \cos\left(\theta_2+\frac{\pi}{2}\right) & 0 & 0 \\ 0 & 0 & 0 & 0 \\ 0 & 0 & 0 & 1 \end{bmatrix} \begin{bmatrix} 1 & 0 & 0 & 600 \\ 0 & 1 & 0 & 0 \\ 0 & 0 & 1 & 0 \\ 0 & 0 & 0 & 1 \end{bmatrix} \begin{bmatrix} 1 & 0 & 0 & 0 \\ 0 & 1 & 0 & 0 \\ 0 & 0 & 1 & 1 \\ 0 & 0 & 0 & 1 \end{bmatrix}$$

$$= \begin{bmatrix} \cos\left(\theta_2+\frac{\pi}{2}\right) & -\sin\left(\theta_2+\frac{\pi}{2}\right) & 0 & 600\cos\left(\theta_2+\frac{\pi}{2}\right) \\ \sin\left(\theta_2+\frac{\pi}{2}\right) & \cos\left(\theta_2+\frac{\pi}{2}\right) & 0 & 600\sin\left(\theta_2+\frac{\pi}{2}\right) \\ 0 & 0 & 0 & 0 \\ 0 & 0 & 0 & 1 \end{bmatrix} \tag{3-44}$$

$$T_3 = \mathbf{Rot}(z_3, \theta_3)\mathbf{Trans}(a_3, 0, d_3)\mathbf{Rot}(x_3, \alpha_3)$$

$$= \begin{bmatrix} \cos\theta_3 & -\sin\theta_3 & 0 & 0 \\ \sin\theta_3 & \cos\theta_3 & 0 & 0 \\ 0 & 0 & 0 & 0 \\ 0 & 0 & 0 & 1 \end{bmatrix} \begin{bmatrix} 1 & 0 & 0 & 120 \\ 0 & 1 & 0 & 0 \\ 0 & 0 & 1 & 0 \\ 0 & 0 & 0 & 1 \end{bmatrix} \begin{bmatrix} 1 & 0 & 0 & 0 \\ 0 & \cos\left(-\frac{\pi}{2}\right) & -\sin\left(-\frac{\pi}{2}\right) & 0 \\ 0 & \sin\left(-\frac{\pi}{2}\right) & \cos\left(-\frac{\pi}{2}\right) & 1 \\ 0 & 0 & 0 & 1 \end{bmatrix}$$

$$= \begin{bmatrix} \cos\theta_3 & 0 & -\sin\theta_3 & 120\cos\theta_3 \\ \sin\theta_3 & 0 & \cos\theta_3 & 120\sin\theta_3 \\ 0 & 0 & 0 & 0 \\ 0 & 0 & 0 & 1 \end{bmatrix} \tag{3-45}$$

$$\boldsymbol{T}_4 = \mathbf{Rot}(z_4, \theta_4)\mathbf{Trans}(a4,0,d4)\mathbf{Rot}(x_4, \alpha_4)$$

$$= \begin{bmatrix} \cos\theta_4 & -\sin\theta_4 & 0 & 0 \\ \sin\theta_4 & \cos\theta_4 & 0 & 0 \\ 0 & 0 & 0 & 0 \\ 0 & 0 & 0 & 1 \end{bmatrix} \begin{bmatrix} 1 & 0 & 0 & 0 \\ 0 & 1 & 0 & 0 \\ 0 & 0 & 1 & 805 \\ 0 & 0 & 0 & 1 \end{bmatrix} \begin{bmatrix} 1 & 0 & 0 & 0 \\ 0 & \cos\dfrac{\pi}{2} & -\sin\dfrac{\pi}{2} & 0 \\ 0 & \sin\dfrac{\pi}{2} & \cos\dfrac{\pi}{2} & 1 \\ 0 & 0 & 0 & 1 \end{bmatrix}$$

$$= \begin{bmatrix} \cos\theta_4 & 0 & \sin\theta_4 & 0 \\ \sin\theta_4 & 0 & -\cos\theta_4 & 0 \\ 0 & 0 & 0 & 0 \\ 0 & 0 & 0 & 1 \end{bmatrix} \tag{3-46}$$

$$\boldsymbol{T}_5 = \boldsymbol{Rot}(z_5, \theta_5)\mathbf{Trans}(a_5,0,d_5)\mathbf{Rot}(x_5, \alpha_5)$$

$$= \begin{bmatrix} \cos\left(\theta_5-\dfrac{\pi}{2}\right) & -\sin\left(\theta_5-\dfrac{\pi}{2}\right) & 0 & 0 \\ \sin\left(\theta_5-\dfrac{\pi}{2}\right) & \cos\left(\theta_5-\dfrac{\pi}{2}\right) & 0 & 0 \\ 0 & 0 & 0 & 0 \\ 0 & 0 & 0 & 1 \end{bmatrix} \begin{bmatrix} 1 & 0 & 0 & 0 \\ 0 & 1 & 0 & 0 \\ 0 & 0 & 1 & 0 \\ 0 & 0 & 0 & 1 \end{bmatrix} \begin{bmatrix} 1 & 0 & 0 & 0 \\ 0 & \cos\dfrac{\pi}{2} & -\sin\dfrac{\pi}{2} & 0 \\ 0 & \sin\dfrac{\pi}{2} & \cos\dfrac{\pi}{2} & 1 \\ 0 & 0 & 0 & 1 \end{bmatrix}$$

$$= \begin{bmatrix} \cos\left(\theta_5-\dfrac{\pi}{2}\right) & 0 & \sin\left(\theta_5-\dfrac{\pi}{2}\right) & 0 \\ \sin\left(\theta_5-\dfrac{\pi}{2}\right) & 0 & \cos\left(\theta_5-\dfrac{\pi}{2}\right) & 0 \\ 0 & 0 & 0 & 0 \\ 0 & 0 & 0 & 1 \end{bmatrix} \tag{3-47}$$

$$\boldsymbol{T}_6 = \mathbf{Rot}(z_6, \theta_6)\mathbf{Trans}(a_6,0,d_6)\mathbf{Rot}(x_6, \alpha_6)$$

$$= \begin{bmatrix} \cos\left(\theta_6+\dfrac{\pi}{2}\right) & -\sin\left(\theta_6+\dfrac{\pi}{2}\right) & 0 & 0 \\ \sin\left(\theta_6+\dfrac{\pi}{2}\right) & \cos\left(\theta_6+\dfrac{\pi}{2}\right) & 0 & 0 \\ 0 & 0 & 0 & 0 \\ 0 & 0 & 0 & 1 \end{bmatrix} \begin{bmatrix} 1 & 0 & 0 & 0 \\ 0 & 1 & 0 & 0 \\ 0 & 0 & 1 & 0 \\ 0 & 0 & 0 & 1 \end{bmatrix} \begin{bmatrix} 1 & 0 & 0 & 0 \\ 0 & 1 & 0 & 0 \\ 0 & 0 & 1 & 0 \\ 0 & 0 & 0 & 1 \end{bmatrix}$$

$$= \begin{bmatrix} \cos\left(\theta_6+\dfrac{\pi}{2}\right) & -\sin\left(\theta_6+\dfrac{\pi}{2}\right) & 0 & 0 \\ \sin\left(\theta_6+\dfrac{\pi}{2}\right) & \cos\left(\theta_6+\dfrac{\pi}{2}\right) & 0 & 0 \\ 0 & 0 & 0 & 0 \\ 0 & 0 & 0 & 1 \end{bmatrix} \tag{3-48}$$

$$\boldsymbol{T}_6 = \boldsymbol{A}_1 \boldsymbol{A}_2 \boldsymbol{A}_3 \boldsymbol{A}_4 \boldsymbol{A}_5 \boldsymbol{A}_6 \tag{3-49}$$

最终结果可以利用 MATLAB 进行求解，此处不再计算。求正解运动学正问题其实质就是给定机械手各关节变量，运用运动学方程求出末端执行器的位置和姿态。

习　题

1. 把坐标系 $\{A\}$ 绕 x 轴旋转 $30°$，再绕 y 轴旋转 $15°$，最后绕 z 轴旋转 $70°$ 得到坐标系 $\{B\}$，计算旋转矩阵 ${}_B^A R$。

2. 写出如图 $3-7$ 所示 PUMA560 机器人的连杆参数和运动学方程。

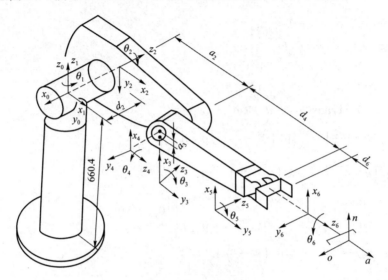

图 $3-7$　习题 2 图

第4章　工业机器人机械结构

☞ **教学导览**

◆ 本章概述:主要介绍工业机器人的机械结构,包括工业机器人的基座、臂部、腕部、末端执行器、传动装置等的构成及特点。

◆ 知识目标:熟悉工业机器人的机械本体组成、末端执行器、传动装置等,掌握各部分机械结构的特点与原理。

◆ 能力目标:能够描述各种结构的特点,根据工业机器人应用场景选取合适的末端执行器。

机器人的机械系统由基座、臂部、腕部、末端执行器组成,如图4-1所示。机器人为了完成工作任务,必须配置操作执行机构,这个操作执行机构相当于人的手部,有时也称为手爪或末端执行器。连接手部和手臂的部分称为腕部,主要作用是改变手部的空间方向和将作业载荷传递到手臂。臂部是连接基座和腕部的部分,主要作用是改变手部的空间位置,满足机器人的作业空间,并将各种载荷传递到基座。机座是机器人的基础部分,起着支承作用。定式机器人的机座直接固定在地面基础上,移动式机器人的机座则安装在行走机构上。

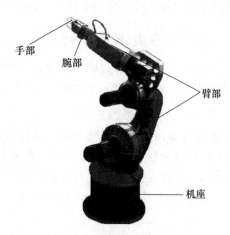

图4-1　工业机器人机械本体构成

4.1　工业机器人的末端执行器

☞ 学习指南

◆ 关键词:末端执行器、手爪、工具快换装置。

◆ 相关知识:末端执行器的分类、作用及特点,夹持类末端执行器、吸附式末端执行器、工具快换装置的定义及特点。

◆ 小组讨论:通过查找资料,讨论还有哪些形式的末端执行器,以及他们的特点和应用场景。

工业机器人的末端执行器,也叫手部,是直接装在工业机器人的手腕上用于夹持工件或让工具按照规定的程序完成指定的工作。对于整个工业机器人来说,手部是完成作业好坏、作业柔性优劣的关键部件之一。工业机器人的手部可以像人手那样具有手指,也可以是不具备手指;可以是类人的手爪,也可以是进行专业作业的工具,如装在机器人手腕上的喷漆枪、焊接工具等。工业机器人末端执行器的特点如下:

(1) 和腕部相连灵活

手部与手腕有机械接口，也可能有电、气、液接头，当工业机器人作业对象不同时，可以方便地拆卸和更换手部。

(2) 末端执行器形态各异

末端执行器可以有手指或无手指，可以是类人的手爪，也可以是其他机械结构，如焊枪、喷漆枪等。

(3) 通用性较差

一种末端执行器往往只针对一种应用场景，只能执行一种作业任务。工业机器人的手部通常是专用的装置，一种手爪往往只能抓握一种工件或几种在形状、尺寸、重量等方面相似的工件，只能执行一种作业任务。

(4) 独立的部件

末端执行器是一个独立的部件，是工业机器人机械系统的四大部件之一。手部是决定整个工业机器人作业完成好坏、作业柔性好坏的关键部件之一。

4.1.1 夹持类末端执行器

夹持类末端执行器主要有夹钳式、钩托式和弹簧式。按其手指夹持时的运动方式不同，又可分为手指回转型和指面平移型。

1. 夹钳式末端执行器

夹钳式末端执行器通常也称为夹钳式取料手，是工业机器人最常用的一种末端执行器形式，在装配流水线上用得较为广泛。夹钳式末端执行器一般由手指（手爪）、传动机构、驱动装置、连接与支承元件组成，工作原理类似于常用的手钳，如图 4 - 2 所示，夹钳式末端执行器能用手爪的开闭动作实现对物体的夹持。

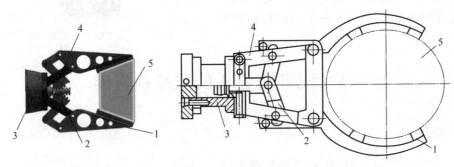

1—手指；2—传动机构；3—驱动装置；4—支架；5—工件

图 4 - 2　夹钳式末端执行器组成

(1) 手　指

手指是直接与工件接触的构件，通过手指的张开和闭合来实现工件的松开和夹紧。一般情况下，机器人的手部只有两个手指，少数有三个或多个，它们的结构形式常取决于被夹持工件的形状和特性。

1) 指　端

指端是手指上直接与工件接触的部位，它的结构形状取决于工件的形状，其形状分为 V 形指、平面指、尖指和特形指。其结构示意图如图 4 - 3 所示。

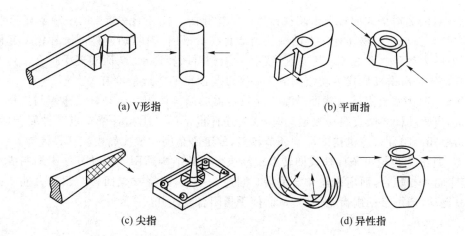

(a) V形指　　　　　　　　　　(b) 平面指

(c) 尖指　　　　　　　　　　　(d) 异性指

图 4 - 3　各种指端结构示意图

V 形指适用于夹持圆柱形工件,特点是夹紧平稳可靠,夹持误差小;平面指一般用于夹持方形工件(具有两个平行表面)、板形或细小棒料;尖指一般用于夹持小型或柔性工件;薄指用于夹持位于狭窄工作场地的细小工件,以避免和周围障碍物相碰;长指可用于夹持炽热的工件,以避免热辐射对手部传动机构的影响。对于形状不规则的工件,必须设计出与工件形状相适应的专用特形指,才能夹持工件。

2）指面的形式

根据工件形状、大小及其被夹持部位材质的软硬、表面性质等的不同,手指的指面有光滑指面、齿型指面和柔性指面三种形式。光滑指面平整光滑,用来夹持已加工表面,避免已加工的光滑表面受损伤。齿型指面刻有齿纹,可增加与被夹持工件间的摩擦力,以确保夹紧可靠,多用来夹持表面粗糙的毛坯或半成品。柔性指面镶衬橡胶、泡沫、石棉等物,有增加摩擦力、保护工件表面、隔热等作用,一般用来夹持已加工表面、炽热件,也适用于夹持薄壁件和脆性工件。

3）手指的材料

手指的材料选用恰当与否,对机器人的使用效果有很大影响。对于夹钳式手部,其手指的材料可选用一般碳素钢和合金结构钢。为使手指经久耐用,指面可镶嵌硬质合金,高温作业的手指,可选用耐热钢,在腐蚀性气体环境下工作的手指,可镀铬或进行搪瓷处理,也可选用耐腐蚀的玻璃钢或聚四氟乙烯。

(2) 传动机构

驱动源的驱动力通过传动机构驱动手指开合并产生夹紧力。按其手指夹持工件时运动方式的不同,可分为回转型传动机构和平移型传动机构。

1）回转型传动机构

夹钳式末端执行器中用得最多的是回转型传动机构,其手指就是一对(或几对)杠杆,一般再与斜楔、滑槽、连杆、齿轮、蜗轮蜗杆或螺杆等机构组成复合式杠杆传动机构,用以改变传动比和运动方向等。常用的回转型传动机构主要有斜楔式回转型末端执行器、滑槽式回转型末端执行器、双支点连杆式回转型末端执行器、齿轮齿条直接传动的齿轮杠杆式末端执行器四种。

图 4 - 4(a)为斜楔式回转型末端执行器的结构简图。斜楔驱动杆 2 向下运动,克服拉簧 5 的拉力,使杠杆手指装着滚子 3 的一端向外撑开,从而夹紧工件 8。斜楔向上移动,则在弹簧拉力的作用下,手指 7 松开,手指与斜楔通过滚子接触可以减少摩擦力,提高机械效率,有时为了简化结构,也可让手指与斜楔直接接触。

图 4-4(b)为滑槽式回转型末端执行器的结构简图。杠杆形手指 4 的一端装有 V 形指 5，另一端则开有长滑槽。驱动杆 1 上的圆柱销 2 套在滑槽内，当驱动连杆同圆柱销一起做往复运动时，即可拨动两个手指各绕其支点(铰销 3)做相对回转运动，从而实现手指对工件 6 的夹紧与松开动作。滑槽杠杆式传动结构的定心精度与滑槽的制造精度有关。

图 4-4(c)为双支点连杆式回转型末端执行器的结构简图。驱动杆 2 末端与连杆 4 由铰销 3 铰接，当驱动杆 2 做直线往复运动时，通过连杆推动两杆手指各绕支点 7 做回转运动，从而使手指松开或闭合。该机构的活动环节较多，故定心精度一般比斜楔杠杆式传动差。

图 4-4(d)为齿轮齿条杠杆式回转型末端执行器的结构简图。驱动杆 2 末端制成双面齿条，与扇齿轮 4 相啮合，而扇齿轮 4 与手指 5 固连在一起，可绕支点回转。驱动力推动齿条做直线往复运动，即可带动扇齿轮回转，从而使手指闭合或松开。

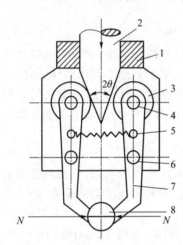

1—壳体；2—斜楔驱动杆；3—滚子；4—圆柱销；
5—拉簧；6—铰销；7—手指；8—工件

(a) 斜楔式回转型末端执行器

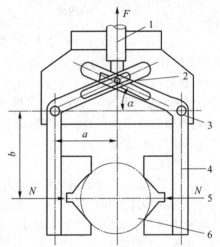

1—驱动杆；2—圆柱销；3—铰销；
4—手指；5—V 形指；6—工件

(b) 滑槽式回转型末端执行器

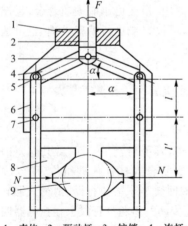

1—壳体；2—驱动杆；3—铰销；4—连杆；
5、7—圆柱销；6—手指；8—V 形指；9—工件

(c) 双支点连杆式回转型末端执行器

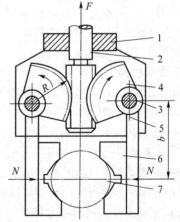

1—壳体；2—驱动杆；3—小轴；4—扇齿轮；
5—手指；6—V 形指；7—工件

(d) 齿轮齿条杠杆式回转型末端执行器

图 4-4 各种回转型传动机构示意图

2）平移型传动机构

平移型夹钳式末端执行器是通过手指的指面做直线往复运动或平面移动来实现张开或闭合动作的,常用于夹持具有平行平面的工件。其结构较复杂,不如回转型末端执行器应用广泛。常见的平移型传动机构有直线往复移动机构、平面平行移动机构。直线往复移动机构是通过手指指面做直线往复运动来实现张开或闭合动作的,常用于夹持具有平行平面的工件。平面平行移动机构是通过手指指面做平面移动来实现张开或闭合动作的,常用于夹持具有平行平面的工件(如冰箱等)。平移型传动机构结构示意图见图 4-5。

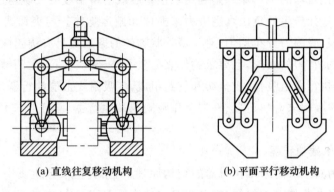

(a) 直线往复移动机构　　　　　　(b) 平面平行移动机构

图 4-5　平移型传动机构

（3）驱动装置

驱动装置是向传动机构提供动力的装置。按驱动方式不同,可分为气动、液动、电动和电磁驱动装置。图 4-6 所示为气压驱动的夹钳式末端执行器,气缸 4 中的压缩空气推动活塞 5,使齿条 1 做往复运动,经扇形齿轮 2 带动平行四边形机构,使手指 3 平行地快速张合。

（4）支　架

使手部与机器人的腕或臂相连接。

2. 钩托式末端执行器

在夹持类手部中,除了用夹紧力夹持工件的夹钳式手部外,钩托式手部是用得较多的一种。它的主要特征是不靠夹紧力来夹持工件,而是利用手指对工件钩、托、捧等动作来托持工件。应用钩托方式可降低驱动力的要求,简化手部结构,甚至可以省略手部驱动装置。它适用于在水平面内和垂直面内做低速移动的搬运工作,尤其对大型笨重的工件或结构粗大而重量较轻且易变形的工件更为有利。

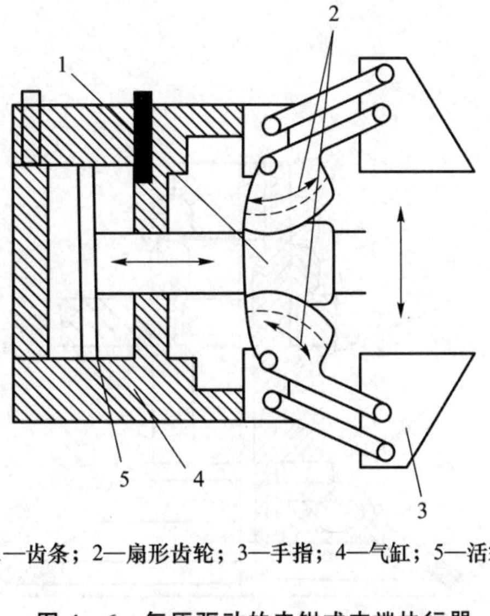

3. 弹簧式末端执行器

弹簧式末端执行器靠弹簧力的作用将

1—齿条；2—扇形齿轮；3—手指；4—气缸；5—活塞

图 4-6　气压驱动的夹钳式末端执行器

工件夹紧,手部不需要专用的驱动装置,结构简单。它的特点是工件进入手指和从手指中取下工件都是强制进行的。由于弹簧力有限,故只适用于夹持轻小工件。

4.1.2 吸附式末端执行器

吸附式末端执行器靠吸附力取料,适用于大平面、易碎(玻璃、磁盘)、微小的物体,因此使用面较广。根据吸附力的不同,可分为气吸附式末端执行器和磁吸附式末端执行器两种。

1. 气吸附式末端执行器

气吸附式末端执行器的工作原理是利用轻性塑胶或塑料制成的皮碗通过抽空与物体接触平面密封型腔的空气而产生的负压真空吸力来抓取和搬运物体。与夹钳式末端执行器相比,其结构简单,重量轻、吸附力分布均匀,对于薄片状物体的搬运更具有优越性,广泛应用于非金属材料或不可剩磁的材料的吸附,但要求物体表面较平整光滑、无孔、无凹槽。

气吸附式末端执行器由吸盘、吸盘架和气路组成,气吸附式末端执行器按形成压力差的方法分类,可分为真空吸附末端执行器、气流负压吸附末端执行器、挤压排气负气压吸附末端执行器等。

(1) 真空吸附末端执行器

图 4-7 所示为真空吸附末端执行器的结构原理,利用真空泵产生真空,真空度较高。取料时,蝶形橡胶吸盘与物体表面接触,橡胶吸盘在边缘既起密封作用,又起缓冲作用,然后真空抽气,吸盘内腔形成真空,吸取物料。放料时,管路接通大气,失去真空,物体放下。

(2) 气流负压吸附末端执行器

气流负压吸附末端执行器结构如图 4-8 所示,其利用流体力学的原理,当需要取物时,压缩空气高速流经喷嘴 5 时,出口处的气压低于吸盘腔内的气压,于是腔内的气体被高速气流带走而形成负压,完成取物动作;需要释放时,切断压缩空气即可。

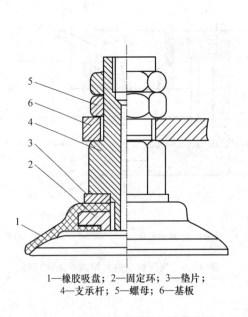

1—橡胶吸盘;2—固定环;3—垫片;
4—支承杆;5—螺母;6—基板

图 4-7 真空吸附末端执行器结构图

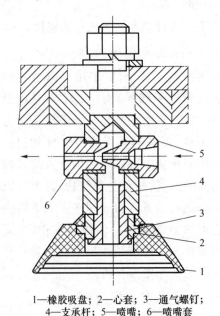

1—橡胶吸盘;2—心套;3—通气螺钉;
4—支承杆;5—喷嘴;6—喷嘴套

图 4-8 气流负压吸附末端执行器结构图

（3）挤压排气取料末端执行器

挤压排气取料末端执行器结构如图 4-9 所示。取料时末端执行器先向下,吸盘压向工件 5,橡胶吸盘 4 形变,将吸盘内的空气挤出;之后,手部向上提升,压力去除,橡胶吸盘恢复弹性形变使吸盘内腔形成负压,将工件牢牢吸住,机械手即可进行工件搬运。到达目标位置后要释放工件时,用碰撞力 P 或电磁力使压盖 2 动作,使吸盘腔与大气联通而失去负压,破坏吸盘腔内的负压,释放工件。

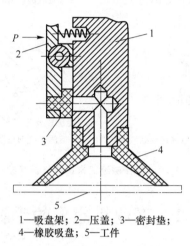

1—吸盘架；2—压盖；3—密封垫；
4—橡胶吸盘；5—工件

图 4-9　挤压排气取料末端执行器

上述三种气吸附式末端执行器特点比较如表 4-1 所列。

表 4-1　气吸附式末端执行器特点比较

末端执行器形式	真空吸附末端执行器	气流负压吸附末端执行器	挤压排气取料末端执行器
特　点	① 工作可靠、吸附力大； ② 须配备真空泵及其控制系统,费用较高	① 需要的压缩空气,在一般工厂内容易取得； ② 使用方便,成本较低	① 结构简单,经济方便;但吸附力小,吸附状态不易长期保持； ② 可靠性比真空吸附和气流负流吸附差

2. 磁吸附式末端执行器

磁吸附式末端执行器是利用永久磁铁或电磁铁通电后产生的磁力来吸附工件的,其应用比较广泛,不会破坏被吸件表面质量。磁吸附式手部与气吸附式手部相同,不会破坏被吸工件表面质量。磁吸附式手部相对于吸附式手部的优点是:有较大的单位面积吸力,对工件表面粗糙度及通孔、沟槽等无特殊要求。磁吸式手部的不足之处是:被吸工件存在剩磁,吸附头上常吸附磁性屑(如铁屑等),影响正常工作。因此,对那些不允许有剩磁的零件要禁止使用。对钢、铁等材料制品,温度超过 700 ℃ 就会失去磁性,故在高温下无法使用磁吸附式末端执行器。磁吸附式末端执行器按磁力来源,可分为永久磁铁末端执行器和电磁铁末端执行器。电磁铁末端执行器由于供电不同,又可分为交流电磁铁末端执行器和直流电磁铁末端执行器。各种应用场合的磁吸附式末端执行器如图 4-10 所示。

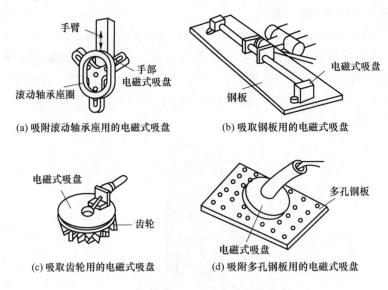

图 4 - 10　各种磁吸式末端执行器示意图

4.2　工业机器人的手腕

☞ **学习指南**

◆ 关键词：手腕、腕部运动方式、手腕分类。

◆ 相关知识：工业机器人腕部的运动方式，手腕的分类及驱动方式。

◆ 小组讨论：通过查找资料，分小组讨论各类工业机器人腕部的运动方式及其特点。

手腕是连接手臂和手部的结构部件，其主要作用是确定手部的作业方向。因此腕部结构的设计应满足传动灵活、结构紧凑轻巧、避免干涉，具有合理的自由度，以满足机器人手部完成复杂的姿态。

4.2.1　手腕的运动形式

为了使手部能处于空间任意方向，要求腕部能实现对空间 3 个坐标轴 x、y、z 的转动，即具有翻转、俯仰和偏转 3 个自由度，这 3 个回转方向又分别称为臂转、手转、腕摆，示意图如图 4 - 11 所示。

1. 臂　转

臂转是指腕部绕小臂轴线的转动，又称为腕部旋转。通常，把臂转叫作 Roll，用 R 表示。有些机器人限制其腕部转动角小于 360°，另一些机器人则仅仅受到控制电缆缠绕圈数的限制，腕部可以转几圈。按腕部转动特点的不同，用于腕部关节的转动又可细分为滚转和弯转两种。

（1）滚　转

滚转是指组成关节的两个零件自身的几何回转中心和相对运动的回转轴线重合，能实现

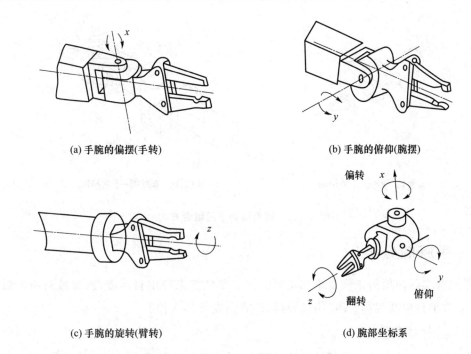

(a) 手腕的偏摆(手转) (b) 手腕的俯仰(腕摆)

(c) 手腕的旋转(臂转) (d) 腕部坐标系

图 4 - 11   手腕运动形式及坐标系示意图

360°无障碍旋转,通常用 R 来标记。示意图见图 4 - 12(a)。

(2) 弯 转

弯转是指两个零件的几何回转中心和其相对运动的回转轴线垂直的关节运动,其相对转动角度一般小于 360°,通常用 B 来标记。示意图见图 4 - 12(b)。

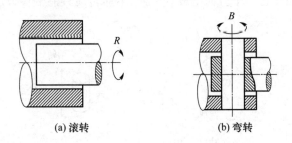

(a) 滚转 (b) 弯转

图 4 - 12   臂转运动方式

2. 手 转

手转指机器人腕部水平摆动,通常把手转叫作 Yaw,用 Y 表示。

3. 腕 摆

腕摆是指腕部的上下摆动,这种运动称为俯仰,又称为腕部弯曲,通常把腕摆叫作 Pitch,用 P 表示。

腕部结构多为上述三个回转方式的组合,组合的方式可以有多种形式,常用的腕部组合方式有臂转-腕摆-手转结构、臂转-双腕摆-手转结构等,如图 4 - 13 所示。

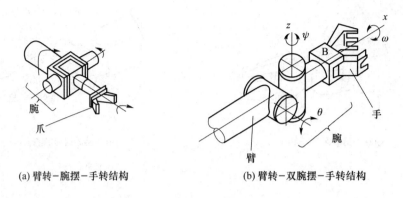

(a) 臂转-腕摆-手转结构　　　　　　　(b) 臂转-双腕摆-手转结构

图 4-13　腕部运动不同组合方式

4.2.2　手腕的分类

腕部根据实际使用的工作要求和机器人的工作性能来确定自由度,腕部按自由度数目来分类,可分为单自由度腕部、二自由度腕部、三自由度腕部3种。

1. 单自由度腕部

单自由度腕部具有单一的臂转功能,机器人的关节轴线与臂部的纵轴线共线,回转角度不受结构限制,可以回转360°。该运动用滚转关节(R 关节)实现,如图 4-14(a)所示。单一的手转功能,腕部关节轴线与手臂及手的轴线相互垂直,如图 4-14(b)所示。单一的侧摆功能,腕部关节轴线与手臂及手的轴线在另一个方向上相互垂直,两者回转角度都受结构限制,通常小于360°,该两者运动用弯转关节(B 关节)实现,如图 4-14(c)所示。单一的平移功能腕部关节轴线与手臂及手的轴线在一个方向上成一平面,不能转动只能平移该运动用平移关节(T 关节)实现,如图 4-14(d)所示。

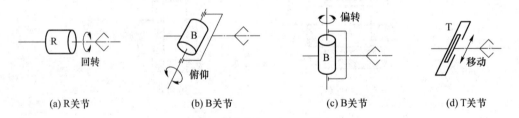

(a) R关节　　　　　　(b) B关节　　　　　　(c) B关节　　　　　　(d) T关节

图 4-14　单自由度腕部

2. 二自由度腕部

机器人腕部可以由一个滚转关节和一个弯转关节联合构成滚转弯转 BR 关节,或由两个弯转关节组成 BB 关节,但不能用两个滚转关节 RR 构成两自由度腕部。二自由度腕部型式如图 4-15 所示。

3. 三自由度腕部

由 R 关节和 B 关节组合构成的三自由度腕部可以有多种形式,可实现臂转、手转和腕摆功能。三自由度腕部能使手部取得空间任意姿态。三自由度腕部型式如图 4-16 所示。

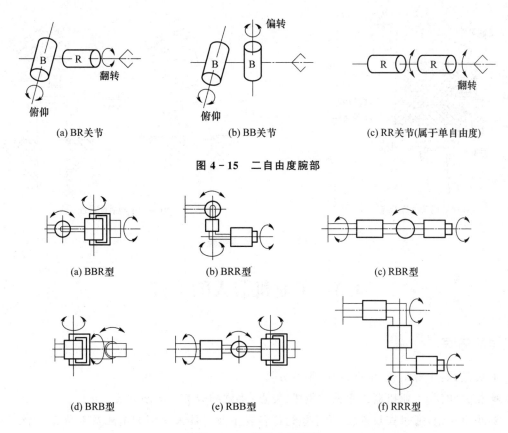

图 4 - 15　二自由度腕部

图 4 - 16　三自由度腕部

4.2.3　柔顺手腕

在用机器人进行精密装配作业中,当被装配零件不一致,工件定位夹具的定位精度不能满足装配要求时,就要求在装配动作时具有柔顺性。柔顺装配技术有两种。第一种是从检测、控制的角度装配,采取各种不同的搜索方法,实现边校正边装配。如在手爪上装有如视觉传感器、力传感器等检测元件,这种柔顺装配称为主动柔顺装配。主动柔顺手腕须装配一定功能的传感器,价格较高;另外,由于反馈控制响应能力的限制,装置速度较慢。第二种是从机械结构的角度装配,在手腕部配置一个柔顺环节,以满足柔顺装配的需要。这种柔顺装配技术称为"被动柔顺装配"(RCC)。被动柔顺手腕结构比较简单,价格比较便宜,装配速度较快。相比主动柔顺技术,要求装配件要有倾角,允许的校正补偿量受到倾角的限制,轴孔间隙不能太小。

图 4 - 17(a)所示为一个具有水平和摆动浮动机构的柔顺手腕。水平移动浮动机构由平面球和弹簧构成,实现在两个方向上进行浮动;摆动浮动机构由上、下球面和弹簧构成,实现两个方向的摆动。在装配作业中,如遇夹具定位不准或机器人手小定位不准时可行校正。其动作过程如图 4 - 17(b)所示,在插入装配中,工件局部被卡住时,将会受到力促使柔顺手腕起作用,使手爪有一个微小的修正量,工件便能顺利地插入。

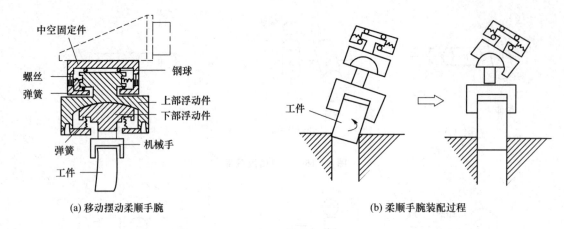

(a) 移动摆动柔顺手腕　　　　　　　　　　　(b) 柔顺手腕装配过程

图 4 - 17　柔顺手腕

4.3　工业机器人的手臂

☞ 学习指南

◆ 关键词:手臂组成、手臂运动、手臂分类。

◆ 相关知识:工业机器人手臂的组成、特点;手臂的分类及运动方式;

◆ 小组讨论:通过查找资料,分小组讨论各类工业机器人手臂的组成及其特点;总结各类手臂运动机构特点。

4.3.1　手臂的特点

机器人手臂是连接机身和手腕的部件,是机器人的主要执行部件。它的主要作用是确定末端执行器的空间位置,满足机器人的作业空间要求,并将各种载荷传递到机座。机器人的臂部主要包括臂杆以及与其伸缩、屈伸或自转等运动有关的构件,如传动机构、驱动装置、导向定位装置、支承连接和位置检测元件等。此外,还有与腕部或手臂的运动和连接支承等有关的构件、配管配线等。手臂的主要特点如下:

① 具有一定的自由度。通常具有 2 或 3 个自由度,可以实现伸缩、回转、俯仰(或升降)等运动,专用机械手的臂部一般有 1 或 2 个自由度,可实现伸缩、回转和直行。

② 重量大,受力复杂。运动时,手臂直接承受腕部、手部和工件(或工具)的动、静载荷,特别是高速运动时,将产生较大的惯性力,容易引起一定的冲击,影响定位的准确性。

③ 安装在机身上,与机身共同组成了若干种不同的配置形式。目前主要有横梁式、立柱式、机座式、屈伸式四种形式。

4.3.2　手臂的分类

手臂的结构、灵活性、抓重大小(即臂力)和定位精度都直接影响机器人的工作性能。臂部按运动和布局、驱动方式、传动和导向装置可分为以下四种臂部结构类型:

① 伸缩型臂部结构；

② 转动伸缩型臂部结构；

③ 屈伸型臂部结构；

④ 其他专用的机械传动臂部结构。

按手臂的结构形式,可分为单臂式臂部结构、双臂式臂部结构和悬挂式臂部结构三类,示意图见图 4-18。

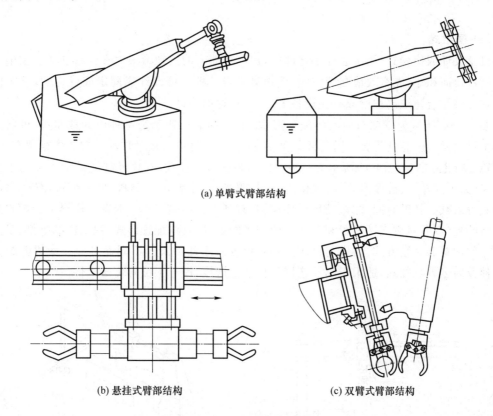

(a) 单臂式臂部结构

(b) 悬挂式臂部结构　　　　(c) 双臂式臂部结构

图 4-18　臂部结构示意图

按手臂的运动形式,可分为直线运动型臂部结构、回转运动型臂部结构和复合运动型臂部结构三类。

直线运动是指手臂的伸缩、升降及横向(或纵向)移动。实现手臂往复直线运动的机构形式较多,常用的有活塞液压(气)缸、活塞缸和齿轮齿条机构、丝杠螺母机构及活塞缸和连杆机构等。

回转运动是指手臂的左右回转、上下摆动即俯仰。机器人的手臂俯仰运动一般采用活塞液压缸与连杆机构来实现,手臂的俯仰运动用的活塞缸位于手臂的下方,其活塞杆和手臂用铰链连接,缸体采用尾部耳环或中部销轴等方式与立柱连接。机器人手臂回转运动的机构形式是多种多样的,常用的有叶片式回转缸、齿轮传动机构、链轮传动机构、连杆机构。

复合运动是指直线运动和回转运动的组合,或者两直线运动的组合、两回转运动的组合。实现手臂复合运动的常用机构有如凹槽机构、连杆机构、齿轮机构等,动力部件常有活塞缸、回转缸、齿条活塞缸等。手臂复合运动机构多用于动作程序固定不变的专用机器人,它不仅使机器人的传动结构简单,而且可简化驱动系统和控制系统,并使机器人传动准确、工作可靠,因而在生产中应用得比较多。

4.3.3　手臂与机身配置

机身和臂部的配置形式基本上反映了机器人的总体布局。由于机器人的运动要求、工作对象、作业环境和场地等因素的不同,出现了各种不同的配置形式。目前常用的有如下几种形式。

(1) 横梁式

机身设计成横梁式,用于悬挂手臂部件,这类机器人的运动形式大多为移动式。横梁式机身具有占地面积小,能有效地利用空间,直观等优点。横梁可设计成固定或行走的,一般横梁安装在厂房原有建筑的柱梁或有关设备上,也可从地面架设。

图 4-19 所示为臂部与横梁的配置形式;图 4-19(a)所示为一种单臂悬挂式,机器人只有一个铅垂配置的悬挂手臂。臂部除做伸缩运动外,还可以沿横梁移动。有的横梁装有滚轮,可沿轨道行走。图 4-19(b)所示为一种双臂对称交叉悬挂式,双臂悬挂式结构大多用于为某一机床(如卧式车床、外圆磨床等)提供上、下料服务,一个臂用于上料,另一个臂用于下料,这种形式可以减少辅助时间,缩短动作循环周期,有利于提高生产率。双臂在横梁上的配置有双臂平行配置、双臂对称交叉配置和双臂一侧交叉配置等,具体配置形式,视工件的类型、工件在机床上的位置和夹紧方式、料道与机床间相对位置及运动形式等不同而各异。横梁上配置多个悬伸臂为多臂悬挂式,适用于刚性连接的自动生产线,用于工位间传送工件。

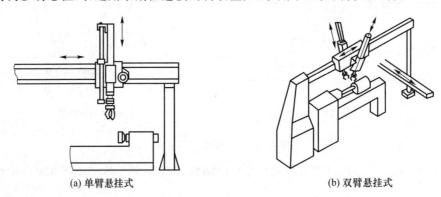

(a) 单臂悬挂式　　　　　　　　　　　　(b) 双臂悬挂式

图 4-19　横梁式机身

(2) 立柱式

立柱式机器人多采用回转型、俯仰型或屈伸型的运动形式,是一种常见的配置形式。一般臂部都可在水平面回转,具有占地面积小、工作范围大的特点。立柱式机身可固定安装在空地上,也可以固定在床身上。立柱式机身结构简单,服务于某种主机,承担上下料或转运等工作。臂的配置形式如图 4-20 所示,可分为单臂配置和双臂配置。

单臂配置是在固定的立柱上配置单个臂,一般臂部可水平、垂直或倾斜安装于立柱顶端。图 4-20(a)所示为一立柱式浇注机器人,以平行四边形铰接的四连杆机构作为臂部,来实现俯仰运动。浇包提升时始终保持铅垂状态。臂部回转运动后,可把从熔炉中取出的金液送至压铸机的型腔。立柱式双臂配置的机器人多为一只手实现上料,另一只手实现下料。

图 4-20(b)所示为一双臂同步回转机器人,双臂对称布置,较平稳。两个悬挂臂的伸缩运动采用分别驱动的方式,用来完成较大行程的提升与转位工作。

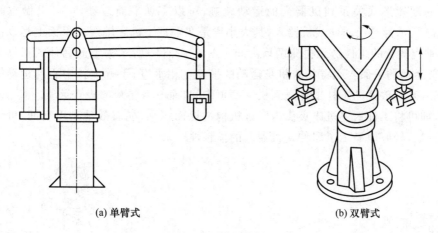

(a) 单臂式　　　　　　　　　　　　(b) 双臂式

图 4-20　立柱式机身

(3) 机座式

机身设计成机座式的机器人可以是独立的、自成系统的完整装置,可随意安放和搬动;也可以具有行走机构,如沿地面上的专用轨道移动,以扩大其活动范围。各种运动形式均可设计成机座式。手臂有单臂、双臂和多臂 3 种形式,见图 4-21,手臂可置于机座顶端,也可置于机座立柱中间。

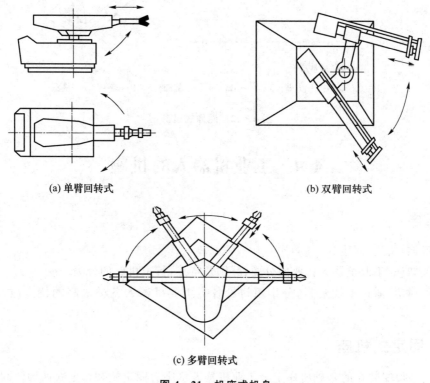

(a) 单臂回转式　　　　　　　　　　(b) 双臂回转式

(c) 多臂回转式

图 4-21　机座式机身

(4) 屈伸式

屈伸式机器人的臂部由大小臂组成,大小臂间有相对运动,人们将其称为屈伸臂。屈伸臂与机身间的配置形式关系到机器人的运动轨迹,可以实现平面运动,也可以做空间运动。图 4-22(a)所示为平面屈伸式机器人,其大小臂是在垂直于机床轴线的平面上运动的腕部旋转 90°,把垂直放置的工件送到机床两顶尖间。图 4-22(b)所示为空间屈伸式机器人。其小臂相对大臂运动的平面与大臂相对机身运动的平面互相垂直,手臂夹持中心的运动轨迹为空间曲线,能将垂直放置的圆柱工件送到机床两顶尖间,而不需要腕部旋转运动。腕部只做小距离的横移,即可将工件送进机床夹头内。该机构占地面积小,能有效地利用空间,可绕过障碍物到达目的地,较好地显示了屈伸式机器人的优越性。

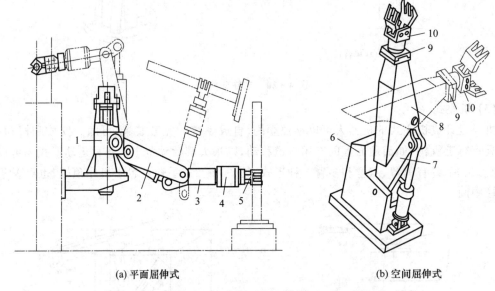

(a) 平面屈伸式   (b) 空间屈伸式

1—立柱; 2、7—大臂; 3、8—小臂; 4、9—腕部; 5、10—手部; 6—机身

图 4-22 屈伸式机身

4.4 工业机器人的机座

☞ 学习指南

- ◆ 关键词:机座、固定式、移动式。
- ◆ 相关知识:工业机器人机座的分类、区别及特点,行走机座的分类。
- ◆ 小组讨论:通过查找资料,分小组讨论各类工业机器人各类机座的特点,总结其应用场景。

4.4.1 固定式机座

机器人必须安装在的基础机座上。工业机器人机座有固定式和行走式两种。固定式机器人的机座直接接地安装,也可以固定在机身上;机座往往与机身做成一体,机身与臂部相连,机身支承臂部,臂部又支承腕部和手部。

固定式机器人的安装方法分为直接地面安装、架台安装和底板安装三种形式。

(1) 直接地面安装

机器人机座直接安装在地面上,是将底板埋入混凝土中或用地脚螺栓固定。底板要求尽可能稳固以经受得住机器人手臂出来的反作用力,底板与机器人机座用高强度螺栓连接,如图 4 - 23(a)所示。

(2) 台架安装

固定式工业机器人采用台架安装方式时,其与工业机器人机座直接安装在地面上的要领基本相同,工业机器人机座与台架用高强度螺栓固定连接,台架与底板用高强度螺栓固定连接,如图 4 - 23(b)所示。

(3) 底板安装

工业机器人机座用底板安装在地面上,是将底板用螺栓安装于混凝土地面或钢板上,机器人机座与底板用高强度螺栓固定连接,如图 4 - 23(c)所示。

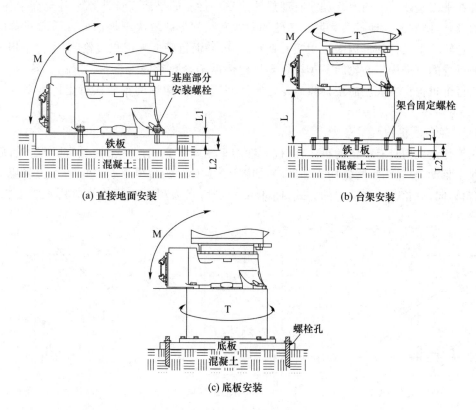

图 4 - 23　固定式机座

4.4.2　移动式机座

行走机构是行走机器人的重要执行部件,由驱动装置、传动机构、位置检测元件、传感器、电缆及管路等组成。它一方面支承机器人的机身、臂部和手部,另一方面还根据工作任务的要求,带动机器人实现在更广阔的空间内运动。工业机器人的行走机构按运动轨迹分为固定轨迹式行走机构和无固定轨迹式行走机构。

1. 固定轨迹式行走机构

固定轨迹式工业机器人的机身底座安装在一个可移动的拖板座上,靠丝杠螺母驱动,整个机器人沿丝杠纵向移动。这类机器人除了采用直线驱动方式外,有时也采用类似起重机梁行走方式等。这种可移动机器人主要用于作业区域大的场合,比如大型设备装配,立体化仓库中的材料搬运、材料堆垛和储运、大面积喷涂等。

2. 无固定轨迹式行走机构

无固定轨迹式行走机构主要有车轮式行走机构、履带式行走机构、足式行走机构。此外,还有适合于各种特殊场合的步进式行走机构、蠕动式行走机构、混合式行走机构和蛇行式行走机构等。

(1) 车轮式行走机构

车轮式行走机构是机器人中应用最多的一种,主要行走在平坦的地面上。车轮式行走机构只有在平坦坚硬的地面上行驶才有理想的运动特性。如果地面坑洼不平甚至会卡住车轮,或地面很软,则它的运动阻力大增。车轮的形状和结构形式取决于地面的性质和车辆的承载能力。在轨道上运行的机构多采用实心钢轮,室外路面行驶多采用充气轮胎,室内平坦地面上行驶的机构的可采用实心轮胎。车轮行走机构依据车轮数量分为一轮、二轮、三轮、四轮以及多轮。行走机构在实现上的主要障碍是稳定性问题,实际应用的车轮式行走机构多为三轮和四轮。

1) 三轮行走机构

三轮行走机构具有一定的稳定性,代表性的车轮配置方式是一个前轮、两个后轮,后轮用两轮独立驱动,前轮为小脚轮构成辅助轮,如图4-24(a)所示;图4-24(b)所示为采用前轮驱动,前轮转向,后轮改为从动轮的方式;图4-24(c)所示为利用两后轮差动减速器减速,前轮转向的方式。

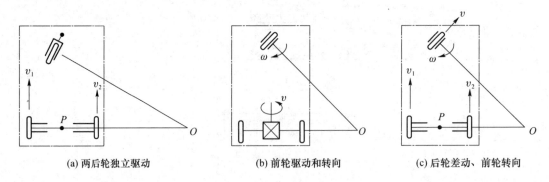

(a) 两后轮独立驱动   (b) 前轮驱动和转向   (c) 后轮差动、前轮转向

图4-24 三轮行走机构

2) 四轮行走机构

四轮行走机构也是一种常用的配置形式,应用也最为广泛,四轮机构可采用不同的方式实现驱动和转向。图4-25(a)所示为后轮分散驱动;图4-25(b)所示为用连杆机构实现四轮同步转向的机构,当前轮转向时,通过四连杆机构使后轮得到相应的偏转。这种车辆相比于仅有前轮转向的车辆,可实现更小的转向回转半径。

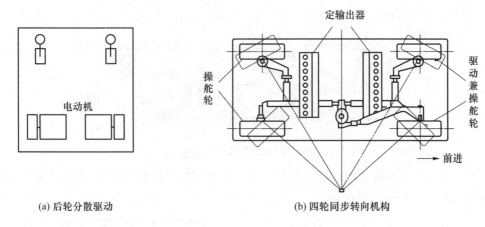

(a) 后轮分散驱动　　　　　　　　　　(b) 四轮同步转向机构

图 4 - 25　四轮行走机构

3）越障轮式机构

普通车轮行走机构对崎岖不平的地面适应性很差，为了提高轮式车辆的地面适应能力，设计了越障轮式机构。这种行走机构往往是多轮式行走机构，如图 4 - 26 所示的火星探测用小漫游车。

图 4 - 26　越障轮式行走机构

（2）履带式行走机构

履带式行走机构适于未建造的天然路面行走，是轮式行走机构的扩展，履带本身起着给车轮连续铺路的作用。

1）履带式行走机构的构成

履带式行走机构由履带、驱动链轮、支承轮、托带轮和张紧轮（导向轮）组成，如图 4 - 27 所示。

2）履带式行走机构形状

履带式行走机构最常见的形状如图 4 - 28 所示。图 4 - 28(a)所示为一字形，其驱动轮及导向轮兼做支承轮，因此增大了支承地面面积，改善了稳定性，驱动轮和导向轮只微高于地面。图 4 - 28(b)所示为倒梯形，其不做支承轮的驱动轮与导向轮，装得高于地面，链条引入引出时

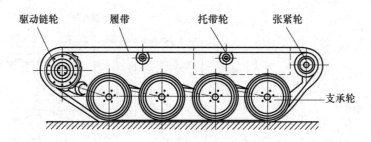

图 4-27 履带式行走机构

角度达 50°,适合穿越障碍;另外,因其减小了泥土夹入引起的磨损和失效,可以提高驱动轮和导向轮的寿命。

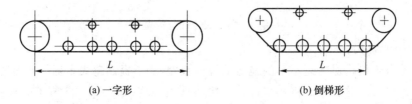

(a) 一字形　　　　　　　　　　　　(b) 倒梯形

图 4-28 履带式行走机构形状

3)履带式行走机构特点

履带式行走机构的优点如下:

① 支承面积大,接地比压小,适合在松软或泥溶场地进行作业;下陷度小,滚动阻力小。

② 越野机动性好,能在凹凸不平的地面上行走以及跨越障碍物。

③ 履带支承面上有履齿,不易打滑,牵引附着性能好。

履带式行走机构缺点如下:

① 没有自定位轮及转向机构,只能靠左右两个履带的速度差实现转弯,因此在横向和前进方面都会产生滑动。

② 转弯阻力大,不能准确地确定回转半径。

③ 结构复杂,重量大,运动惯性大,减振功能差,零件易损坏。

(3) 足式行走机构

履带式行走机构虽可在高低不平的地面上运动,但它的适应性不够,行走时晃动太大,在软地面上行驶运动效率低。根据调查,地球上近一半的地面不适合传统的车轮式或履带式车辆行走,但是一般多足动物却能在这些地方行动自如,显然足式与车轮式和履带式行走方式相比具有独特的优势。

足式行走对崎岖路面具有很好的适应能力,足式运动方式的立足点是离散的点,可以在可能到达的地面上选择最优的支承点,而车轮式和履带式行走工具必须面临最坏的地形上的几乎所有点;足式运动方式还具有主动隔振能力,尽管地面高低不平,机身的运动仍然可以相当平稳;足式行走方式在不平地面和松软地面上的运动速度较快,能耗较小。

1)足的数目

现有步行机器人的足数分别为单足、双足、三足、四足、六足、八足甚至更多。足的数目越多,越适于重载和慢速运动。双足和四足具有最好的适应性和灵活性,也最接近于动物。

图 4-29 所示为单足、双足、三足、四足和六足行走结构。

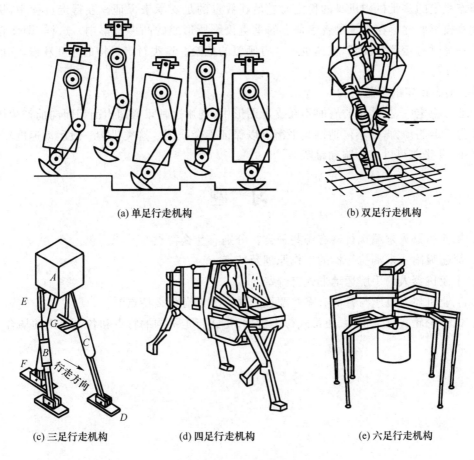

(a) 单足行走机构　　　　　　　　(b) 双足行走机构

(c) 三足行走机构　　　　(d) 四足行走机构　　　　(e) 六足行走机构

图 4-29　足式行走机构

2) 足的配置

足的配置是指足相对于机体的位置和方位的安排。在假设足的配置为对称的前提下,四足或多于四足的配置可能有两种:一种是正向对称分布,即腿的主平面与行走方向垂直;另一种为前后向对称分布,即腿平面与行走方向一致。足的主平面安排如图 4-30 所示。

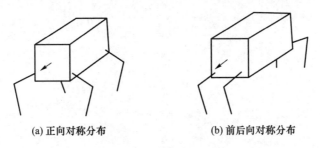

(a) 正向对称分布　　　　　　　　(b) 前后向对称分布

图 4-30　足的主平面安排

3) 足式行走机构的平衡和稳定性

足式行走机构按其行走时保持平衡方式的不同可分为两类:静态稳定的多足机构和动态稳定的多足机构。

(a) 静态稳定的多足机构

静态稳定的多足机构机身的稳定通过足够数量的足支承来保证。在行走过程中,机身重心的垂直投影始终落在支承足着落地点的垂直投影所形成的凸多边形内。这样,即使在运动中的某一瞬时将运动"凝固",机体也不会有倾覆的危险。这类行走机构的速度较慢,它的步态为爬行或步行。

(b) 动态稳定的多足机构

在动态稳定中,机体重心有时不在支承图形中,利用这种重心超出面积而向前产生倾倒的分力作为行走的动力,并不停地调整平衡点以保证不会跌倒。这类机构一般运动速度较快,消耗能量小,其步态可以是小跑和跳跃。

习 题

1. 工业机器人末端执行器有哪些种类?分别有什么特点?
2. 简述吸附式末端执行器的工作原理及特点。
3. 工业机器人的手腕运动形式有哪些?
4. 工业机器人机座与臂部有哪些配置形式?分别有什么特点?
5. 试讨论轮式行走机构、履带式行走机构、足式行走机构的特点和各自使用的场合。

第5章 工业机器人控制系统

☞ **教学导览**

◆ 本章概述:主要介绍工业机器人的控制系统,包括工业机器人控制系统的特点、要求、功能及控制方式,伺服驱动系统组成及特点。

◆ 知识目标:掌握工业机器人控制系统的功能、特点及控制方式;掌握伺服驱动系统的组成及特点。

◆ 能力目标:能够绘制工业机器人控制系统框图,掌握工业机器人控制方式的选择。

5.1 工业机器人控制系统概述

☞ **学习指南**

◆ 关键词:系统功能、系统要求,系统结构,控制方式。

◆ 相关知识:工业机器人控制系统的基本要求,工业机器人控制系统结构机器人的控制方式,机器人控制单元基本组成。

◆ 小组讨论:通过查找资料,分小组讨论各类工业机器人控制系统的特点,分析系统控制指标要求。

工业机器人控制系统是指由控制主体、控制客体和控制媒体组成的具有自身目标和功能的管理与控制系统,通常是多轴运动协调控制系统,包括高性能的主控制器及相应的硬件和控制算法及相应的软件。控制系统实现机器人自身运动的控制以及与周边设备的协调控制。

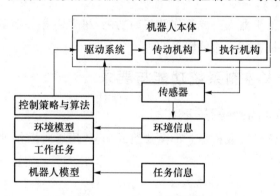

图 5-1 控制系统结构框图

5.1.1 控制系统结构

机器人控制系统可以分为 4 部分:机器人及其感知器、环境、任务、控制器,如图 5-1 所示。机器人是由各种机构组成的装置,通过感知器实现本体和环境状态的检测及信息交互,也是控制的最终目标。环境是指机器人所处的周围环境,包括几何条件、相对位置等,如工件的形状,位置、障碍物、焊缝的几何偏差等;任务是指机器人要完成的操作,需要适当的程序语言来描述,并把它们存入主控制器中,随着系统的不同,任务的输入可能是程序方式,文字、图形或声音方式;控制器相当于人的大脑,包括软件(控制策略和算法以及实现算法的软件程序)和硬件两大部分,以计算机或专用控制器运行程序的方式来完成给定任务。为实现具体作业的运动控制,还需要相应地使用机器人语言开发用户程序。

机器人主控制器是控制系统的核心部分,直接影响机器人性能的优劣。在控制器中,控制策略和算法主要是指机器人控制系统结构、控制信息产生模型和计算方法、控制信息传递方式等。根据对象和要求不同,可采用多种不同的控制策略和算法,如控制系统结构可以采用分布式或集中式;控制信息传递方式可以采用开环控制或 PID 伺服关节运动控制;控制信息产生模型可以是基于模型或自适应等。在第一、二代商品化机器人上仍采用分布式多层计算机控制结构模式,以及基于 PID 伺服反馈的控制技术方法。目前,机器人控制技术与系统的研究已经由专用控制系统发展到采用通用开放式计算机控制体系结构,并逐渐向智能控制技术及其实际应用发展,技术特点归纳起来主要有两个方面。

① 智能控制、多算法融合和性能分析的功能结构;

② 实时多任务操作系统、多控制器和网络化的实现结构。

控制系统硬件一般包括以下三个部分:

(1) 传感部分

传感部分用来收集机器人的内部和外部信息,如位置、速度、加速度传感器可检测机器人本体运动的状态,而视觉、触觉、力觉传感器可感受机器人和外部工作环境的状态信息。

(2) 控制装置

控制装置用来处理各种信息,完成控制算法,产生必要的控制指令,包括计算机及相应的接口,通常为多 CPU 层次控制模块化结构。

(3) 伺服驱动部分

伺服驱动部分为了使机器人完成操作及移动功能,机器人各关节的驱动器视作业要求不同可为气动、液压、交流伺服和直流伺服等。

5.1.2　工业机器人控制系统功能与要求

1. 工业机器人控制系统的基本功能

工业机器人控制系统是工业机器人的重要组成部分,用于对操作机的控制,以完成特定的工作任务,其基本功能如下。

(1) 记忆功能

记忆功能用于存储作业顺序、运动路径、运动方式、运动速度和与生产工艺有关的信息。

(2) 示教功能

示教功能有离线编程、在线示教、间接示教。在线示教包括示教盒和导引示教两种。

(3) 与外围设备联系功能

工业机器人控制系统有输入/输出接口、通信接口、网络接口、同步接口。坐标设置功能有:关节、绝对、工具、用户自定义 4 种坐标系。

(4) 人机接口

人机接口包括示教盒、操作面板、显示屏。

(5) 传感器接口

传感器接口用于位置检测、视觉、触觉、力觉等。

(6) 位置伺服功能

位置伺服功能主要实现工业机器人多轴联动、运动控制、速度和加速度控制、动态补偿等。

(7) 故障诊断安全保护功能

故障诊断安全保护功能用于运行时系统状态监视、故障状态下的安全保护和故障自诊断，如手爪变位器等。

(8) 通信接口

实现工业机器人和其他设备的信息交换，一般通过串行接口、并行接口等。

(9) 网络接口

① Ethernet 接口。可通过以太网实现数台或单台工业机器人直接 PC 通信，数据传输速率高达 10 Mbit/s，支持 TCP/IP 通信协议，可通过 Ethernet 接口将数据及程序装入各个工业机器人控制器中。

② Fieldbus 接口。支持多种流行的现场总线规格，如 Device net、AB Remote I/O、In-ter-bus-s、Profibus-DP 等。

2. 工业机器人控制系统的基本要求

从使用的角度来讲，工业机器人是一种特殊的自动化设备，对其控制有以下几点基本要求。

(1) 多轴运动的协调控制，以产生要求的工作轨迹

由于工业机器人手部的运动是所有关节运动的合成运动，因此要使手部按照规定的规律运动，就必须很好地控制各关节协调动作，包括运动轨迹、动作时序的协调。

(2) 较高的位置精度、很大的调速范围

除直角坐标式工业机器人外，工业机器人关节上的位置检测元件通常安装在各自的驱动轴上，构成位置半闭环系统。此外，由于存在开式链传动机构的间隙等，使得工业机器人总的位置精度降低，与数控机床相比，降低约一个数量级。但工业机器人的调速范围很大，通常超过几千。这是由于工作时，工业机器人可能以极低的作业速度加工工件，而在空行程时，为提高效率，又能以极高的速度移动。

(3) 系统的静差率要小，即要求系统具有较好的刚性

工业机器人工作时要求运动平稳，不受外力干扰，若静差率大将形成工业机器人的位置误差。

(4) 位置无超调，动态响应快

避免与工件发生碰撞，在保证系统适当响应能力的前提下增加系统的阻尼。

(5) 须采用加减速控制

大多数工业机器人具有开链式结构，其机械刚度很低，过大地加减速度会影响其运动平稳性，运动启停时应有加减速装置，通常采用匀加减速指令来实现。

（6）各关节的速度误差系数应尽量一致

工业机器人手臂在空间移动，是各关节联合运动的结果，尤其是当要求沿空间直线或圆弧运动时。即使系统有跟踪误差，仍应要求各轴关节伺服系统的速度放大系数尽可能一致，而且在不影响稳定性的前提下，尽量取较大的数值。

（7）良好的人机界面

从操作的角度看，要求控制系统具有良好的人机界面，尽量降低对操作者的要求。在大部分的情况下，要求控制器的设计人员完成底层伺服控制器设计的同时，还要完成规划算法，而把任务的描述设计成简单的语言格式由用户完成。

（8）尽可能降低系统的硬件成本

从系统的成本角度看，要求尽可能降低系统的硬件成本，更多地采用软件伺服的方法来完善控制系统的性能。

5.1.3 工业机器人控制系统基本单元

构成机器人控制系统的基本单元包括电动机、减速器、运动特性检测传感器、驱动电路、控制系统的硬件和软件。

1. 电动机

常见的机器人驱动方式有液压驱动、气压驱动、直流伺服电动机动驱动、交流伺服电动机驱动和步进电动机驱动。随着驱动电路元件性能的提高，当前应用最多的是直流伺服电动机驱动和交流伺服电动机驱动。

2. 减速器

减速器是为了增加驱动力矩，降低运动速度。目前机器人常用的减速器有 RV 减速器和谐波减速器。

3. 驱动电路

由于直流伺服电动机或交流伺服电动机的流经电流较大，一般为几安培到几十安培，故机器人电动机的驱动需要使用大功率的驱动电路。为了实现对电动机运动特性的控制，机器人常采用脉冲宽度调制（PWM）方式进行驱动。

4. 运动特性检测传感器

机器人运动特性检测传感器用于检测机器人运动的位置、速度、加速度等参数。

5. 控制系统的硬件

机器人控制系统是以计算机为基础的，其硬件系统采用二级结构，第一级为协调级，第二级为执行级。协调级实现对机器人各个关节的运动、机器人和外界环境的信息交换等功能；执行级实现机器人各个关节的伺服控制，获得机器人内部的运动状态参数等功能。

6. 控制系统的软件

机器人的控制系统软件实现对机器人运动特性的计算、机器人的智能控制和机器人与人的信息交换等功能。

5.1.4　工业机器人控制方式

机器人的运动主要是位置的移动。位置移动的控制可以分为以定位为目标的定位控制和以路径跟踪为目标的路径控制两种方式。

1. 定位控制方式

定位控制中最简单的是靠开关控制的两端点定位控制,而这些端点可以是完全被固定而不能由控制装置的指令来移动的固定端点,也可以是靠手动调节挡块等在预置的特定点中有选择地设定或任意设定的半固定端点。

很多机器人要求准确地控制末端执行器的工作位置,而路径却无关紧要,即点位式(PTP)控制。例如,在印制电路板上安插元件、点焊、装配等工作,都属于点位式工作方式。一般来说,这种方式比较简单,但要达到 $2 \sim 3 \mu m$ 的定位精度也是相当困难的。

比上述方式更进一步的是多点位置设定方式。它是离散地设置多点,可由控制指令有选择地定位的控制方式,这些离散点可以是固定的,也可以是靠挡块调节在预先设置的点中选择。

定位控制中最高级的是连续设定方式,由伺服控制方式来实现,可以由控制指令自由地定位于任意点上,柔性最强,只需要改变控制指令就可以实现机器人的动作变更。

2. 路径控制方式

路径控制中点与点间的移动是由机器人的多个工作轴动作来完成的,控制多个(几个)轴同时协调地工作被称为"多轴控制"。

路径控制中最简单的是点位式控制,只把到达路径中的目的地作为目标,而对于路径轨迹不做任何要求。点位式控制中有相互间毫不同步的各轴独立动作方式和其他同步于移动量最大的轴的长轴同步动作方式。点位式控制系统价格低,应用最为广泛,但是必须很好地理解机器人的特性,尤其注意路径中有无障碍物或者干涉等,以及关键部件的定位。

连续轨迹控制(CP)与点位式控制(PTP)的本质差别在于它的路径可以连续地来控制。通常,复杂的动作路径可以由直线、圆弧、抛物线、椭圆以及其他函数用插补的方式按时序组合来得到。

在弧焊、喷漆、切割等工作中,要求机器人末端执行器按照示教的轨迹和速度运动。如果偏离预定的轨迹和速度,就会使产品报废。在函数插补中,对于目标点和到达点的路径是由数学式子算出的,若路径是作为机器人各动作轴的时序信息算出的,即为"跟踪插补"方式,它可以是以实时在线方式跟踪外部动作的"实时跟踪插补",也可以是在线预先示教动作的"间隙跟踪插补",一般都是以外部位移作为被跟踪的输入。

适应控制也是跟踪控制的一种。它是基于外部的速度、加速度、力及其他输入信息,按照预先给定的算法来确定机器人的动作路径,或者对原路径进行修改。适应控制常被应用于对外界环境有反应的适应(顺应)行走机器人中。

速度控制中有以各轴速度分量为给定速度的,也有以路径的切向速度为给定速度的。外部同步速度控制中的速度给定是可变的。它是以相对速度为一定的控制速度来跟踪外界对象的速度。在速度控制中还应广义地包括加速度控制,分为外部同步和内部同步两种。

3. 力(力矩)控制方式

在完成装配、抓放物体等工作时,除要准确定位之外,还要求使用适度的力或力矩进行工作,这时就要利用力(力矩)伺服控制方式。这种方式的控制原理与位置伺服控制原理基本相同,只不过输入量和反馈量不是位置信号,而是力(力矩)信号,因此系统中必须有力(力矩)传感器。有时也利用接近、滑动等传感功能进行自适应式控制。

5.1.5 工业机器人控制系统软件

机器人操作系统是工业机器人控制系统的"软部分",实质上都采用了嵌入式实时操作系统。

(1) VxWorks

VxWorks 操作系统是一种嵌入式实时操作系统(RTOS),是 Tornado 嵌入式开发环境的关键组成部分。工业机器人是实时性要求极高的工业装备,ABB、KUKA 等均选用 VxWorks 作为主控制器操作系统。

(2) Windows CE

Windows CE 是美国微软公司推出的嵌入式实时操作系统,与 Windows 系列有较好的兼容性。其丰富的开发资源对于在示教器等开发上具有较好的优势,如 ABB 等公司采用 Windows CE 开发示教器系统。

(3) 嵌入式 Linux

Linux 由于其源代码公开,人们可以任意修改,以满足自己的应用。其中大部分都遵从 GPL,是开放源代码和免费的,可以稍加修改后应用于用户自己的系统;有庞大的开发人员群体,无需专门的人才,只要懂 Unix/Linux 和 C 语言即可;支持的硬件数量庞大。众多中小型机器人公司和科研院所选择 Linux 作为机器人操作系统。

(4) μC/OS′-II′

μC/OS′-II′ 是著名的源代码公开的实时内核,是专为嵌入式应用设计的,可用于 8 位、16 位和 32 位单片机或数字信号处理器(DSP)。μC/OS′-II′ 的主要特点是公开源代码、可移植性好、可固化、可裁剪性、占先式内核、可确定性等。该系统在教学机器人、服务机器人、工业机器人科研等领域得到较多的应用。

5.1.6 纳博特工业机器人控制系统

纳博特(南京)科技有限公司生产的 NRC 系列工业机器人控制器采用 EtherCAT 总线技术,兼容 IEC61131 - 3 标准,支持各类 EtherCAT 模块。NRC 系列工业机器人控制器是基于 X86 IPC+RTOS 设计的,采用自主研发控制算法,支持六关节自由度机器人、SCARA 机器人、五轴机器人、连杆码垛机机器人、四轴多关节机器人、DELTA 机器人、直角坐标机器人、多轴专用机器人等多种机器人的控制;自带上下料、码垛、焊接、焊缝跟踪、视觉、激光切割、传送带跟踪、碰撞检测、拖拽示教等多种通用工艺,并可根据用户需求进行定制;同时提供完整 API 接口,用户可根据需求高效、方便地自主开发专用工艺(PApp)与专用工艺界面(PUI)。应用 NRC 机器人控制器搭建的工业机器人控制系统组成架构如图 5 - 2 所示,控制柜内部如

图 5 - 3 所示。

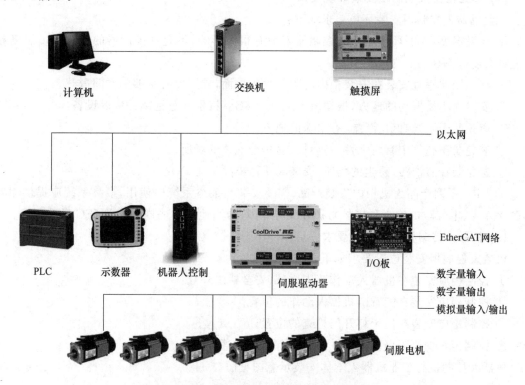

图 5 - 2　工业机器人控制系统组成架构图

图 5 - 3　工业机器人控制柜布局图

（1）工业机器人控制柜安装环境要求

工业机器人控制柜安装环境要求如下：

① 环境温度：周围环境温度对控制器寿命有很大影响，不允许控制器的运行环境温度超过允许温度范围（0～45 ℃）。

② 将控制器垂直安装在安装柜内的阻燃物体表面，周围要有足够的空间散热。

③ 安装在不易振动的地方，振动应不大于 0.6G。特别注意远离冲床等设备。

④ 避免装于阳光直射、潮湿、有水珠的地方。

⑤ 避免装于空气中有腐蚀性、易燃性、易爆性气体的场所。

⑥ 避免装在有油污、粉尘的场所，安装场所污染登记为 PD2。

⑦ NRC 系列产品为机柜内安装产品，需要安装在最终系统中使用，最终系统应提供相应的防火外壳、电气防护外壳和机械防护外壳等，并符合当地法律法规和相关 IEC 标准要求。

（2）机器人控制柜安装位置要求

机器人控制柜安装位置要求如下：

① 控制柜应安装在机器人动作范围之外（安全栏之外）。

② 控制柜应安装在能看清机器人动作的位置。

③ 控制柜应安装在便于打开门检查的位置。

④ 控制柜至少要距离墙壁 500 mm，以保持维护通道畅通。

机器人控制柜与工业机器人本体安装示意图见图 5-4。

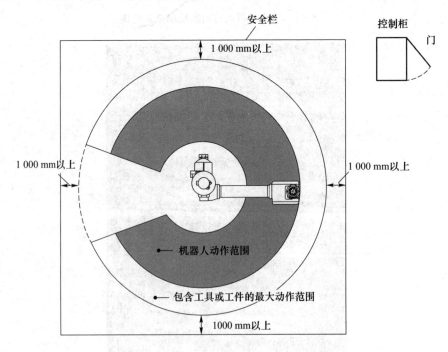

图 5-4　工业机器人控制柜安装布局示意图

5.2　工业机器人驱动系统

☞ 学习指南

◆ 关键词：伺服系统、伺服电机、控制方式。

◆ 相关知识：工业机器人伺服驱动系统的组成及其工作原理，工业机器人伺服系统分类，伺服系统控制方式，伺服电机分类及特点，伺服驱动器结构原理。

◆ 小组讨论：通过查找资料，分小组讨论伺服驱动系统的特点，分析伺服控制系统运行指标要求。

工业机器人的驱动系统是直接驱使各运动部件动作的机构，对工业机器人的性能和功能影响很大。工业机器人驱动方式主要有液压式、气动式和电动式。目前工业机器人常用的驱动系统是伺服电机驱动系统。

5.2.1　伺服电动机原理与特性

1. 直流伺服电动机

伺服电动机又称为执行电动机，在机器人系统中作为运动驱动元件，把输入的电压信号变换成转轴的角位移或角速度输出，改变输入电压信号可以变更伺服电动机的转速和转向。

机器人对直流伺服电动机的基本要求如下：宽广的调速范围，机械特性和调速特性均为线性，无自转现象（控制电压降到零时，伺服电动机能立即自行停转），响应快速等。

直流伺服电动机分为传统型和低惯量型两种类型。传统型直流伺服电动机就是微型的他励直流电动机，由定子、转子两部分组成。按定子磁极的种类分为两种：水磁式和电磁式。永磁式的磁极是永久磁铁；电磁式的磁极是电磁铁，磁极外面套着励磁绕组。

低惯量型直流伺服电动机的显著特点是转子轻、转动惯量小、响应快速。按照电枢形式的不同分为盘形电枢直流何服电动机、空心杯电枢水磁式直流何服电动机及无槽电枢直流伺服电动机。

盘形电枢直流伺服电动机的定子是由永久磁铁和前后磁轭组成的，转轴上装有圆盘，圆盘上有电枢绕组，可以是印制绕组，也可以是绕线式绕组，电枢绕组中的电流沿径向流过圆盘表面，与轴向磁通相互作用产生转矩。图 5 - 5 所示为盘形电枢直流伺服电动机结构。

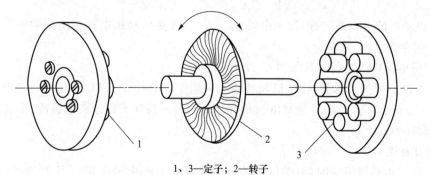

1、3—定子；2—转子

图 5 - 5　盘形电枢直流伺服电动机结构

空心杯电枢永磁式直流伺服电动机有一个外定子和一个内定子。外定子是两个半圆形的永久磁铁,内定子由圆柱形的软磁材料做成,空心杯电枢置于内外定子之间的圆周气隙中,并直接装在电动机轴上。当电枢绕组流过定的电流时,空心杯电枢能在内外定子间的气隙中旋转,并带动电动机转轴旋转。空心杯电枢永磁式直流伺服电动机结构如图5-6所示。

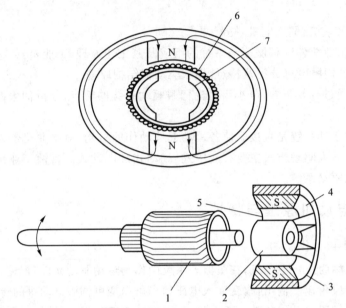

1—空心杯电枢;2—内定子;3—外定子;4—磁极;5—气欧;6—导线;7—内定子中的磁路

图5-6 空心杯电枢永磁式直流伺服电动机结构

直流伺服电动机最常用的控制方式是电枢控制。电枢控制就是把电枢绕组作为控制绕组,电枢电压作为控制电压,而励磁电压恒定不变,通过改变控制电压来控制直流伺服电动机的运行状态。

在电枢控制方式下,直流伺服电动机的主要静态特性是机械特性和调节特性。

(1) 机械特性

机械特性是指控制电压恒定时,电动机的转速随转矩变化的关系。直流伺服电动机的机械特性表达式为

$$n=\frac{U_{a}}{C_{t}\varPhi}-\frac{R}{C_{e}C_{T}\varPhi^{2}}=n_{0}-\frac{R}{C_{e}C_{T}\varPhi^{2}}T \tag{5-1}$$

式中,n_0为电动机的理空教转速;R为电根电阻;C_e为直流电动机电动势结构常数;C_T为转矩结构意数;$\varPhi$为磁通;T为转矩。

直流伺服电动机的运行特性如图5-7所示。

由图5-7(a)可知,U_a不同时,机械特性为一组平行直线。当U_a一定时,随着转矩T的增加,转速n成正比下降。随着控制电压U_a的降低,机械特性平行地向低速度、小转矩方向平移,其斜率保持不变。

(2) 调节特性

调节特性是指转矩恒定时,电动机的转速随控制电压变化的关系。当T为不同值时,调节特性为一组平行直线,如图5-7(b)所示;当T一定时,控制电压越高则转速越高,转速与控

制电压成正比,这是理想的调节特性。

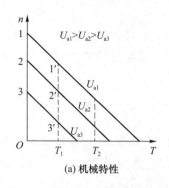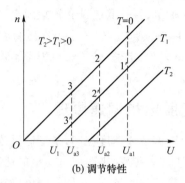

图 5 - 7　直流伺服电动机的运行特性

调节特性曲线与横坐标的交点($n=0$),表示在一定负载转矩时的电动机的始动电压。在该转矩下,电动机的控制电压只有大于相应的始动电压时,电动机才能启动。例如,$T=T_1$时,始动电压为U_1,控制电压$U_a>U_1$时,电动机才能启动。理想空载时,始动电压为零,它的大小取决于电动机的空载制动转矩。空载制动转矩大,始动电压也大。当电动机带动负载时,始动电压随负载转矩的增大而增大,一般把调节特性曲线上横坐标从零到始动电压这一范围称为失灵区。在失灵区以内,即使电枢有外加电压,电动机也不能转动。失灵区的大小与负载转矩的大小成正比,负载转矩大,则失灵区也大。

2. 交流伺服电动机

由于直流电动机本身在结构上存在一些不足,如机械接触式换向器不但结构复杂、制造费时、价格昂贵,而且在运行中容易产生火花,以及换向器的机械强度不高,电刷易于磨损等,在运行中需要经常性的维护检修;对环境的要求也比较高,不能适用于化工、矿山等周围中有粉尘、腐蚀性气体和易燃爆强气体的场合,对于一些大功率的输出要求不能满足。相反地,对于交流伺服电动机,由于它结构简单、制造方便,价格低廉,而且坚固耐用、转动惯量小、运行可靠,很少需要维护,可用于恶劣环境等优点,目前在机器人领域逐渐有代替直流伺服电动机的趋势。

与直流伺服电动机一样,交流伺服电动机也必须具有宽广的调速范围、线性的机械特性和快速响应等性能,除此以外,还应无"自转"现象。

正常运行时,交流伺服电动机的励磁绕组和控制绕组都通电,通过改变控制电压U_c来控制电动机的转速,当$U_c=0$时,电动机应当停止旋转。而实际情况是,当转子电阻较小时,两相异步电动机运转起来后,若控制电压$U_c=0$,电动机便成为单项异步电动机继续运行,并不停转,出现了所谓的"自转"现象,使自动控制系统失控。

为了使转子具有较大的电阻和较小的转动惯量,交流伺服电动机的转子有以下三种结构形式。

① 高电阻率导条的笼型转子。这种转子结构同普通笼式异步电动机一样,只是转子细而长,笼导条和端环采用高电阻率的导电材料(如黄铜、青铜等)制造,国内生产的 SL 系列的交流伺服电动机就是采用这种结构。

② 非磁性空心杯转子。在外定子铁心槽中放置空间相距 90° 的两相分布绕组;内定子铁

心由硅钢片叠成,不放绕组,仅作为磁路的一部分;由铝合金制成的空心杯转子置于内外定子铁心之间的气隙中,并靠其底盘和转轴固定。

③ 铁磁性空心转子。转子采用铁磁材料制成,转子本身既是主磁通的磁路,又作为转子绕组,结构简单,但当定子、转子气隙稍微不均匀时,转子就容易因单边磁拉力而被"吸住",所以目前应用较少。

5.2.2 伺服电机调速原理

调速即速度调节或速度控制,是指通过改变电动机的参数、结构或外加电气量(如供电电压、电流的大小或者频率)来改变电动机的速度,以满足工作机械的要求。调速要靠改变电动机的特性曲线来实现。图 5-8 所示为电动机速度变化的曲线,图 5-8(a)中工作机械即负载的特性曲线为 M_L,通过调整装置改变的电动机特性曲线为 M_1、M_2 和 M_3,其与线 M_L 的交点分别为点 1、2 和 3,与其相对应的角速度为 Ω_1、Ω_2 和 Ω_3,即电动机将有不同的角速度,实现了调速。相反,如果不改变电动机的特性,而靠改变负载转矩见图 5-8(b),负载转矩由 M_{L1} 增加到 M_{L2} 或 M_{L3},虽然也可以使电动机速度降低,但这不是调速,而是负载扰动,在实际使用中人们不希望出现这种情况,这是稳速控制的主要问题。

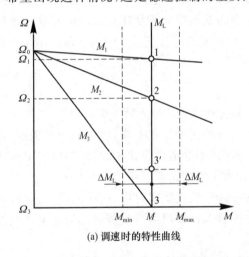
(a) 调速时的特性曲线

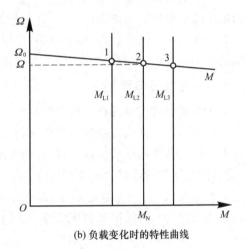
(b) 负载变化时的特性曲线

图 5-8 电动机速度变化的曲线

1. 稳态精度

(1) 转速变化率(静差率)

转速变化率(静差率)是指电动机的某一条机械特性(一般指额定状态),从理想空载到额定负载时的角速度降($\Omega_0 - \Omega$)与理想空载的角速度之比,即

$$s(\%) = \frac{\Omega_0 - \Omega}{\Omega_0} \times 100\% = \frac{\Delta\Omega}{\Omega_0} \times 100\% \qquad (5-2)$$

由于实际中无法做到理想空载,故可以认为小于额定负载 10% 的负载即为空载。转速变化率通常称为静差率,在异步电动机中又相当于转差率。显然,与机械特性硬度有关。如果机械特性是直线,则有

$$s = \frac{\Delta\Omega}{\Omega_0} = \frac{\Delta\Omega M_N}{M_N \Omega_0} = \frac{1}{\beta} \frac{M_N}{\Omega_0} \qquad (5-3)$$

式中, $\beta = \dfrac{\mathrm{d}M}{\mathrm{d}\Omega} = \dfrac{M_\mathrm{N}}{\mathrm{d}\Omega}$ 为机械特性硬度; M_N 为额定负载转矩。

（2）调速精度

调速装置或系统的给定角速度 Ω_g 与带额定负载时的实际角速度之差与给定角速度之比称为调速精度, 即

$$\varepsilon(\%) = \frac{\Omega_\mathrm{g} - \Omega}{\Omega_\mathrm{g}} \times 100\% \tag{5-4}$$

调整精度标志着调速相对误差的大小, 一般取可能出现的最大值作为指标。

（3）稳速精度

在规定的运行时间 T 内, 以一定的间隔时间 ΔT 测量 1 s 内的平均角速度, 取出最大值 Ω_max 和最小值 Ω_min, 则稳速精度定义为最大角速度波动 $\Delta\Omega = (\Omega_\mathrm{max} - \Omega_\mathrm{min})/2$ 与平均角速度 $\Omega_\mathrm{d} = (\Omega_\mathrm{max} + \Omega_\mathrm{min})/2$ 之比, 即

$$\delta(\%) = \frac{\Delta\Omega}{\Omega_\mathrm{d}} \times 100\% = \frac{\Omega_\mathrm{max} - \Omega_\mathrm{min}}{\Omega_\mathrm{max} + \Omega_\mathrm{min}} \times 100\% \tag{5-5}$$

电动机的稳速精度如图 5-9 所示。

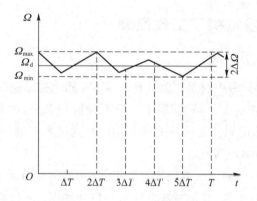

图 5-9　电动机的稳速精度

如果机械特性为直线, 且 $\Omega_\mathrm{max} = \Omega_0$, $\Omega_\mathrm{min} = \Omega_\mathrm{N}$, 则有

$$\delta = \frac{\Omega_\mathrm{max} - \Omega_\mathrm{min}}{\Omega_\mathrm{max} + \Omega_\mathrm{min}} = \frac{\Delta\Omega_\mathrm{N}}{\Omega_0 + \Omega_0 - \Delta\Omega_\mathrm{N}} = \frac{\Delta\Omega_\mathrm{N}\beta}{(2\Omega_0 - \Delta\Omega_\mathrm{N})\beta} = \frac{M_\mathrm{N}}{2\Omega_0\beta - M_\mathrm{N}} \tag{5-6}$$

因此, 机械特性曲线越平直即越硬, 其稳速精度越高。

调速精度与稳速精度是从不同的侧面提出的稳态精度要求, 由于它们都与负效及内外扰动因素有关, 因此有时不管是调速或稳速, 都可取式（5-5）和式（5-6）中的任一式作为稳态精度指标。

2. 调速范围

在满足稳态精度的要求下, 电动机可能达到的最高角速度 Ω_max 和最低角速度 Ω_min 的比定义为调速范围, 即

$$D = \frac{\Omega_\mathrm{max}}{\Omega_\mathrm{min}} \tag{5-7}$$

在此,满足一定精度要求是不可缺少的条件,因为由图 5-8 可知,调速上限(点 1)受电动机固有特性的限制,而下限(点 3)理论上为零,即 $D=\infty$。但是实际上这是不可能达到的,实际中总存在扰动和负载波动。若设负载波动范围为 ΔM_L,则转速最低能调至点 3′;若再往下调,电动机将时转时停,或者根本不动。由此可见,对稳态精度要求越高,则可能达到的调速范围越小;反之越大。换句话说,如果要求调速范围越大,则稳态精度应越低;反之越高。当机械特性为一簇平行直线时,调速范围与稳态精度(即静差率)之间存在一定的制约关系。设 $\Omega_N=\Omega_{max}$,即额定转速为最高转速;Ω_{0min} 为最低理想空载转速;$\Omega_N=\Omega_{0min}\sim\Omega_{min}$ 为额定负载时最低转速下的转速降;Ω_{min} 为最低转速,则有

$$D=\frac{\Omega_N}{\Omega_{min}}=\frac{\Omega_N}{\Omega_{0min}-\Delta\Omega_N}=\frac{\Omega_N}{\Omega_{0min}(1-\Delta\Omega_N/\Omega_{0min})}$$
$$=\frac{\Omega_N s}{\Delta\Omega_N(1-s)}\approx\frac{\Omega_N s}{\Delta\Omega_N} \tag{5-8}$$

式中,$s=\dfrac{\Delta\Omega_N}{\Omega_{0min}}$。

由式(5-8)可知,调速范围受允许的静差率 s 和角速度降 Ω_N 的限制。

5.2.3 伺服驱动器结构及工作原理

1. 伺服驱动器结构组成

伺服驱动器又称为"伺服控制器""伺服放大器",是用来控制伺服电机的一种控制器,其作用类似于变频器作用于普通交流马达,属于伺服系统的一部分,主要应用于高精度的定位系统。一般是通过位置、速度和力矩三种方式对伺服马达进行控制,实现高精度的传动系统定位,目前是传动技术的高端产品。

交流永磁同步伺服驱动器主要有伺服控制单元、功率驱动单元、通信接口单元、伺服电动机及相应的反馈检测器件组成,其控制器系统结构框图如图 5-10 所示。其中伺服控制单元包括位置控制器、速度控制器、转矩和电流控制器等。

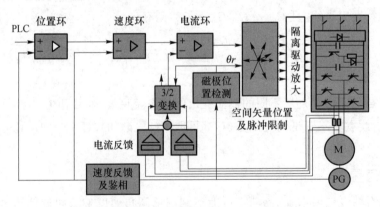

图 5-10 伺服驱动器工作原理框图

伺服电机一般为三个控制,就是 3 个闭环负反馈 PID 调节系统,最内侧是电流环,第 2 环是速度环,最外侧是位置环,各环的功能如表 5-1 所列。

表 5 - 1　3 个闭环调节系统功能

环　型	电流环	速度环	位置环
功　能	在伺服驱动系统内部进行,通过霍尔装置检测驱动器给电机的各相的输出电流,反反馈给电流的设定进行 PID 调节,从而达到输出电流尽量接近设定电流。电流环是控制电机转矩的,所以在转矩模式下驱动器的运算最小,动态响应最快	通过检测伺服电机编码器的信号来进行负反馈 PID 调节,它的环内 PID 输出直接就是电流环的设定,所以速度环控制时就包含了速度环和电流环,所以电流环是控制的根本。在速度和位置控制的同时,系统实际也在进行电流(转矩)的控制,以达到对速度和位置的响应控制	在驱动器和伺服电机编码器之间构建,也可以在外部控制器和电机编码器或最终负载之间构建,要根据实际情况来定。由于位置控制环内部输出就是速度环的设定,位置控制模式下系统进行 3 个环的运算,此时系统运算量最大,动态响应速度也最慢

2. 伺服驱动器控制方式

一般伺服都有三种控制方式:速度控制方式,转矩控制方式,位置控制方式。

速度控制和转矩控制都是用模拟量来控制的,位置控制是通过发脉冲来控制的。如果用户对电机的速度、位置都没有要求,只要输出一个恒转矩,当然是用转矩模式。如果对位置和速度有一定的精度要求,而对实时转矩不是很关心,用转矩模式不太方便,用速度或位置模式比较好。如果上位控制器有比较好的闭环控制功能,用速度控制效果会好一点。如果本身要求不是很高,或者基本没有实时性的要求,用位置控制方式。就伺服驱动器的响应速度来看,转矩模式运算量最小,驱动器对控制信号的响应最快;位置模式运算量最大,驱动器对控制信号的响应最慢。

① 速度控制:通过模拟量的输入或脉冲的频率都可以进行转动速度的控制,在有上位控制装置的外环 PID 控制时速度模式也可以进行定位,但必须把电机的位置信号或直接负载的位置信号给上位反馈以做运算用。位置模式也支持直接负载外环检测位置信号,此时的电机轴端的编码器只检测电机转速,位置信号就由最终负载端的检测装置来提供了,这样的优点在于可以减小中间传动过程中的误差,增加了整个系统的定位精度。

② 转矩控制:转矩控制方式是通过外部模拟量的输入或直接地址赋值来设定电机轴对外的输出转矩的大小,具体表现为,例如 10 V 对应 5 N·m,当外部模拟量设定为 5 V 时,电机轴输出为 2.5 N·m;如果电机轴负载低于 2.5 N·m 时,电机正转,外部负载等于 2.5 N·m 时,电机不转,大于 2.5 N·m 时,电机反转(通常在有重力负载情况下产生)。可以通过即时的改变模拟量的设定来改变设定的力矩大小,也可通过通信方式改变对应地址的数值来实现。转矩控制方式主要应用于对材质的受力有严格要求的缠绕和放卷的装置中,例如绕线装置或拉光纤设备,转矩的设定要根据缠绕的半径的变化随时更改以确保材质的受力不会随着缠绕半径的变化而改变。

③ 位置控制:位置控制模式一般是通过外部输入的脉冲的频率来确定转动速度的大小,通过脉冲的个数来确定转动的角度,也有些伺服可以通过通信方式直接对速度和位移进行赋值。由于位置模式可以对速度和位置都有很严格的控制,所以一般应用于定位装置。应用领域如数控机床、印刷机械等。

3. 清能德创伺服驱动系统

CoolDrive RC 系列伺服驱动器是清能德创电气技术(北京)有限公司全新推出的紧凑型一体化网络伺服驱动器,分 V/S 两个版本。该产品采用多轴一体化设计,机身尺寸非常紧凑,内置多种振动抑制算法及前馈功能,能够大幅提升设备的定位精度和动态特性。

V 版是专为工业机器人量身定制的紧凑型一体化网络伺服驱动器,通过与机器人专用控制器相配合,能够为机器人厂商提供一整套高性能电控系统解决方案。

伺服驱动系统型号说明如图 5-11 所示,其伺服驱动系统型号说明如表 5-2 所列。

$$\underset{①}{\underline{\text{CD RC6-A}}} \quad \underset{②}{\underline{\text{05}}} \; \underset{③}{} \underset{④}{\underline{\text{02}}} - \underset{⑤}{\underline{\text{T0}}} - \underset{⑥⑦}{\underline{\text{V1}}} - \underset{⑧}{\underline{\text{C00}}}$$

图 5-11 伺服驱动系统型号实例

表 5-2 伺服驱动系统型号说明表

序 号	项 目	符 号	说 明	备 注
①	产品名称	RC2	二轴一体伺服电机驱动产品	
		RC3	三轴一体伺服电机驱动产品	
		RC4	四轴一体伺服电机驱动产品	
		RC6	六轴一体伺服电机驱动产品	
②	交流输入电压等级	A	200 V 级	
③	轴组 1 额定输出电流	22	轴 1 额定输出电流为 2.5 A(rms),轴 2 额定输出电流为 2.5 A(rms)	限用于 RC2、RC3、 RC4 选型
		25	轴 1 额定输出电流为 2.5 A(rms),轴 2 额定输出电流为 5 A(rms)	
		52	轴 1 额定输出电流为 5 A(rms),轴 2 额定输出电流为 2.5 A(rms)	
		55	轴 1 额定输出电流为 5 A(rms),轴 2 额定输出电流为 5 A(rms)	
		02	轴 1~轴 3 额定输出电流为 2.5 A(rms)	限用于 RC6 选型
		05	轴 1~轴 3 额定输出电流为 5 A(rms)	
④	轴组 2 额定输出电流	00	无轴 3、轴 4	限用于 RC2、RC3、RC4 选型
		20	轴 3 额定输出电流为 2.5 A(rms),无轴 4	
		50	轴 3 额定输出电流为 5 A(rms),无轴 4	
		22	轴 3 额定输出电流为 2.5 A(rms),轴 4 额定输出电流为 2.5 A(rms)	
		25	轴 3 额定输出电流为 2.5 A(rms),轴 4 额定输出电流为 5 A(rms)	
		52	轴 3 额定输出电流为 5 A(rms),轴 4 额定输出电流为 2.5 A(rms)	
		55	轴 3 额定输出电流为 5 A(rms),轴 4 额定输出电流为 5 A(rms)	
		02	轴 4~轴 6 额定输出电流为 2.5 A(rms)	限用于 RC6 选型
		05	轴 4~轴 6 额定输出电流为 5 A(rms)	
⑤	编码器类型	H0	Hiperface DSL 编码器	
		T0	多摩川绝对值编码器,多圈 16 Bit/单圈 17 Bit 2.5 Mbps	
		T1	多摩川绝对值编码器,单圈 17 Bit,2.5 Mbps	
		T4	多摩川绝对值编码器,多圈 16 Bit/单圈 23 Bit 2.5 Mbps	
		T5	多摩川绝对值编码器,单圈 23 Bit,2.5 Mbps	
		Y0	BiSS-C 编码器	
		N0	尼康绝对值编码器,多圈 16 Bit/单圈 17 Bit,2.5 Mbps/4 Mbps	
⑥	产品类别	V	机器人用伺服产品	
		S	通用伺服产品	
⑦	产品版本号	1	产品版本号为 1	
⑧	定制号	C00	C00 为标准产品	

清能德创 RC6 伺服驱动系统电气原理图如图 5-12 所示。

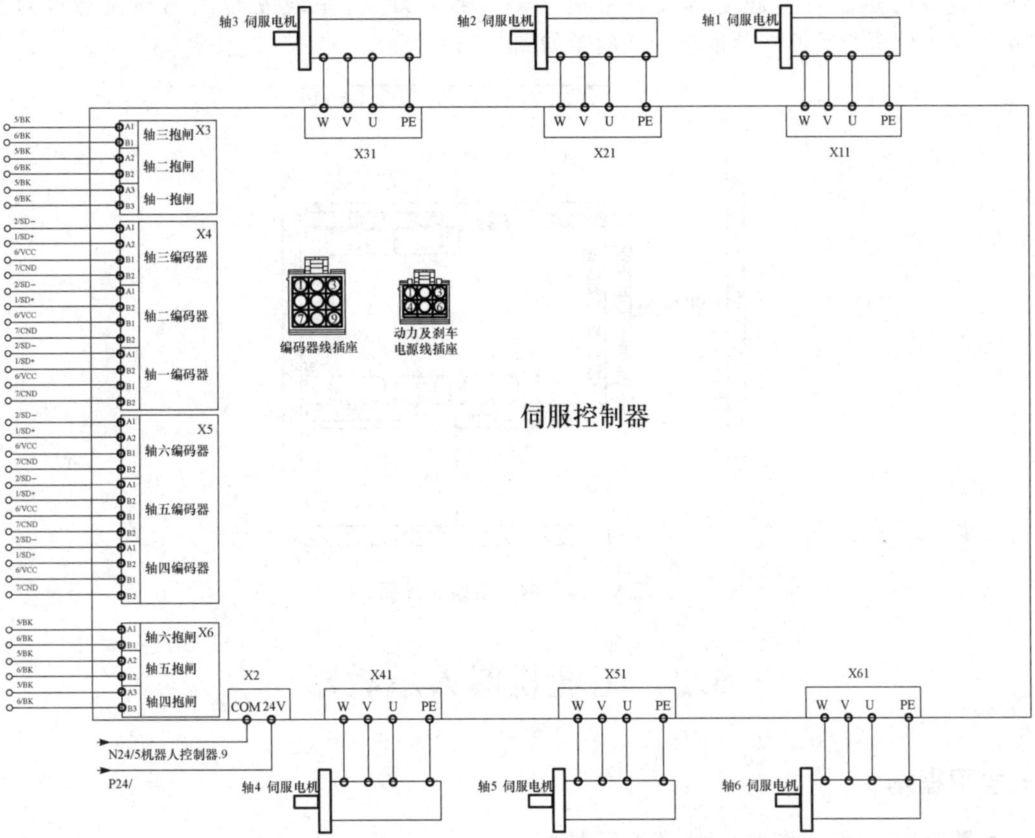

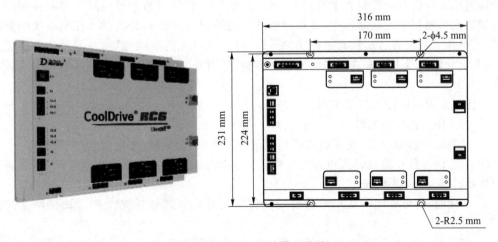

图 5-12　伺服驱动系统电气原理图

清能德创 RC6 标准功率驱动器安装尺寸如图 5-13 所示,结构尺寸 ($W \times H \times D$:mm)为 $315 \times 230 \times 76$。

图 5-13　RC6 驱动器尺寸图

伺服驱动器散热时热量由下往上散发,通常要求竖直安装。在需要上下排安装的场合,由于下排设备的热量会引起上排设备温度上升导致故障,应采取安装隔热导流板等对策。CDRC 系列伺服驱动器推荐最小安装间距如图 5 - 14 所示。

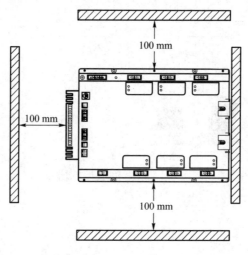

图 5 - 14 RC6 安装布局图

5.3 工业机器人示教器

☞ **学习指南**

- ◆ 关键词:示教器作用、示教器编程方式。
- ◆ 相关知识:工业机器人示教器元件组成,工业机器人示教器作用。
- ◆ 小组讨论:通过查找资料,分小组讨论不同工业机器人品牌示教器异同点。

示教器是人机交互的一个接口,也称示教盒或示教编程器,主要由液晶屏和可供触摸的操作按键组成。操作时由控制者手持设备,通过按键将需要控制的全部信息通过与控制器连接的电缆送入控制柜中的存储器中,实现对机器人的控制。示教器是机器人控制系统的重要组成部分,操作者可以通过示教器进行手动示教,控制机器人的不同位姿,并记录各个位姿点坐标,也可以利用机器人语言进行在线编程,实现程序回放,让机器人按编写好的程序完成轨迹运动。

示教器使用时应注意以下事项:

① 禁止用力摇晃机械臂以及在机械臂上悬挂重物。

② 示教时请勿戴手套,应穿戴和使用规定的工作服、安全鞋、安全帽、保护用具等。

③ 未经许可禁止擅自进入机器人工作区域。调试人员进入机器人工作区域时,应随身携带示教器,以防他人误操作。

④ 示教前,需要仔细确认示教器的安全保护装置是否能够正确工作,如"急停键""使能键"等。

⑤ 在应用示教器手动操作机器人时,应采用较低的倍率速度以增加对机器人的控制机会。

⑥ 在按下"轴操作"按钮,准备运动机器人时,应先考虑好机器人的运动趋势。

⑦ 察觉到有危险时,应立即按下"急停键",停止机器人动作。

纳博特(南京)科技有限公司生产设计的 T30 示教器,是一种机器人示教器通用型硬件平台。该示教器包含以下部件。

(1) 急停开关

急停开关用于紧急情况下的停车处理,例如:人身危险、机器或工件损坏风险等。当按下急停开关后,通过向右旋转可以解锁。

(2) 选择开关

选择开关用于手持器状态选择和切换,例如手动、停止、自动三种状态选择。

(3) 电子手轮

电子手轮用于对机器轴进行位置微调,手轮为每圈 20 脉冲。

(4) 触摸笔

触摸笔用于选配件,方便用户操作触摸屏。

(5) 使能开关

使能开关用于选配件,包括三种位置:未激活、使能(中间位置)、惊慌(完全按下)。使能开关信号线连接在手持器内部,不需要另外配线。

T30 示教器特点如下:

① 采用 TI Cortex-A8 32 位高性能工业控制处理器,在图形处理、工业以太网和灵活外设等方面具有非常突出的优势;

② 专业的人机工程学设计,结构美观,整体布局和设计充分考虑了人性化,为用户提供良好的操作体验;

③ 按键、指示灯可扩展性好,方便用户自定义;

④ 8inch TFT 大屏幕,提供丰富、清晰的人机交互窗口,提升产品档次;

⑤ 完全自主知识产权设计,软硬件平台成熟、稳定;

⑥ 功能部件齐全,使能开关、触摸笔等可选配,可以完全满足不同用户的应用需求;

⑦ 整机工业级设计,高可靠性。

T30 示教器外形图如图 5－15 所示。

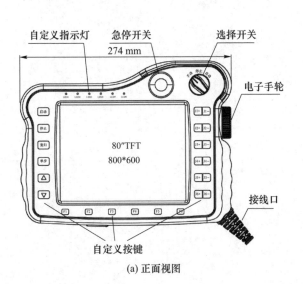

(a) 正面视图

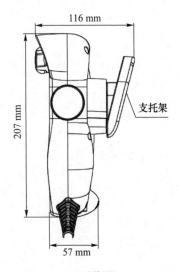

(b) 侧视图

图 5－15　T30 示教器外形图

习 题

1. 工业机器人控制系统应具备哪些功能？
2. 对工业机器人控制系统有哪些要求？
3. 简述工业机器人运动方式及区别。
4. 简述各品牌工业机器人控制系统特点。
5. 简述工业机器人驱动系统中伺服电动机驱动器工作原理与结构。

第6章 工业机器人示教编程与操作

☞ **教学导览**

◆ 本章概述：主要介绍工业机器人示教器的基本使用，手动操作工业机器人的基本方法，工业机器人坐标系的标定，工业机器人虚实一体实训系统配置，以及工业机器人基本运动指令及编程。

◆ 知识目标：熟悉工业机器人运行基本系统配置、示教器手动操作机器人基本方法、坐标系标定方法、基本运动编程指令等。

◆ 能力目标：能够应用示教器进行工业机器人手动操作，能够完成工业机器人坐标系的建立及标定，能够完成工业机器人虚实仿真实训系统通信配置，能够编写工业机器人轨迹运动程序。

6.1 工业机器人系统配置

☞ **学习指南**

◆ 关键词：伺服系统、示教器、系统配置。

◆ 相关知识：工业机器人伺服驱动系统使用前参数配置，工业机器人伺服系统调试基本步骤，工业机器人运行前示教器基本参数设置。

◆ 小组讨论：通过查找资料，分小组讨论不同工业机器人结构参数特点及对应的参数设置。

6.1.1 伺服系统参数设置及运行调试

天津嘉创天成科技有限公司设计的开放式工业机器人虚实一体实训平台，采用真实控制器＋虚拟工作站，控制系统采用纳博特（南京）科技有限公司开发的 NRC 系列工业机器人控制器，驱动系统采用的是清能德创电气技术（北京）有限公司设计的 CoolDrive RC 系列伺服驱动器，在应用之前首先要对伺服驱动器进行系统配置。

1. 伺服系统参数设置

（1）调试工具的准备

CoolDrive 伺服驱动产品的调试工具分成两部分，一部分是 CoolDrive 产品专用调试线，如图 6-1 所示；另一部分是 USB 转 232 转换线（适用 CoolDrive A8）或 USB 转 485 转换线（适用 CoolDrive R/RC），图 6-2 所示为 USB 转串口转换器。调试软件采用的是驱动系统配套的 DriveStarter 调试软件。

注意：USB 转 232 转换线和 USB 转 485 转换线串口接头使用 DB9 接头。

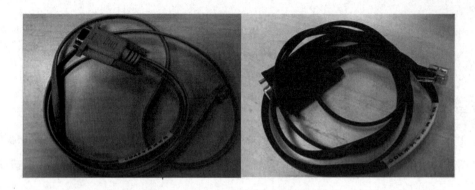

图 6-1　清能德创产品专用调试线

图 6-2　USB 转接口转换器

（2）DriveStarter 与驱动器连接

DriveStarter 与驱动器连接步骤如下：

① 将调试线的 RJ11 端插入驱动器的调试端口，A8 系列为 X2 端口，R 系列为 X19 端口，RC 系列为 X10 端口。USB 转串口线连接到 PC，并确保 USB 转串口转换器的驱动程序正确安装完成。

② 双击"DriveStarter"文件夹下"DriveStarter3.exe"，DriveStarter 软件打开后会自动识别串口号，只须单击连接窗口的驱动器图标，DriveStarter 软件会自动连接到驱动器上。图 6-3 所示为 DriveStarter 软件连接窗口。

图 6-3　DriveStarter 软件连接窗口

③ DriveStarter 连接成功后，单击主界面工具栏，选择"系统"→"登录"→"工程师"，输入密码即可。

(3) 参数设置

1) 驱动器参数设置

单击"工具栏"里的"伺服参数"快捷按钮,打开伺服参数设置界面,如图 6 - 4 所示。

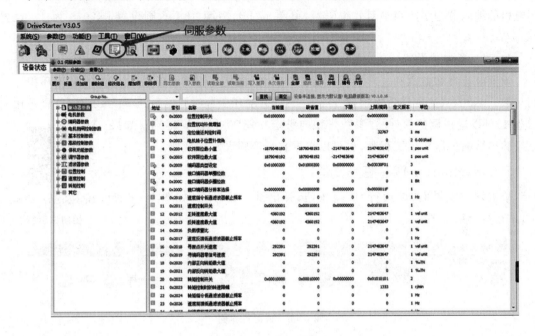

图 6 - 4　伺服参数设置

2) 电机参数设置

电机参数分组里有 15 个初始参数需要设置,如图 6 - 5 所示。

地址	索引	名称	当前值	缺省值	下限	上限/摘码	定义版本	单位
3	0x2003	电机转子位置补偿角	0	0	0	0	2	0.001Rad
86	0x20C0	电机额定功率	0	0	0	1333	1	Watt
87	0x20C1	电机电压等级	0x0000	0x0000	0x0000	0x0001	1	
88	0x20C2	电机额定转速	0	0	0	0	1	r/min
89	0x20C3	线绕组电阻	0	0	0	2147483647	1	mΩ
90	0x20C4	线绕组电感	0	0	0	2147483647	1	uH
91	0x20C5	电机转子转动惯量	0	0	0	2147483647	1	0.001×kg.
92	0x20C6	电机反电势系数	3	3	0	0	1	mV/rpm
93	0x20C7	电机极对数	0	0	0	0	1	
121	0x6072	电机最大转矩	0	0	0	0	1	‰TN
122	0x6073	电机最大电流	0	0	0	0	1	‰IN
123	0x6075	电机额定电流	0	0	0	65535	1	mA
124	0x6076	电机额定转矩	576	576	0	2147483647	1	mNm
128	0x6080	电机最高转速	115	115	0	0	1	r/min
158	0x20C8	电机转矩常数	144	144	0	2147483647	1	mNm/A

图 6 - 5　电机参数设置

3) 编码器参数设置

正确设置编码器参数,必须按照实际使用电机适配的编码器规格进行设置。

如果是 Hiperface 编码器,则只需要设置 0x2009(编码器类型设定)的 Byte1(绝对式编码器型号)为 0x00——Hiperface 即可。

如果是其他类型的编码器,根据实际编码器类型设置完 0x2009(编码器类型设定)后,还需要设置 0x2076(绝对式编码器单圈位数)和 0x2077(绝对式编码器多圈位数)。例如,所使用电机的编码器为多摩川绝对式编码器,单圈 17 bit,多圈 16 bit,则设置 0x2076 为 17,设置 0x2077 为 16。

4)调节器参数设置

设置电流环增益值和速度环增益值。0x2048(电流环比例增益 1)、0x2049(电流环积分时间常数)、0x2044(速度环比例增益 1)、0x2045(速度环积分时间常数 1)和 0x2040(位置环比例增益 1)可以通过调试软件的"参数辨识与整定功能"进行计算得到。如果是经验丰富的伺服应用工程师,也可以根据自身经验设定参数值。

2. DriveStarter 软件控制试运行

单击软件主界面"试运行"快捷按钮,弹出试运行界面,如图 6 - 6 所示,试运行结果如图 6 - 7 所示。

DriveStarter 软件
控制试运行

图 6 - 6　试运行界面

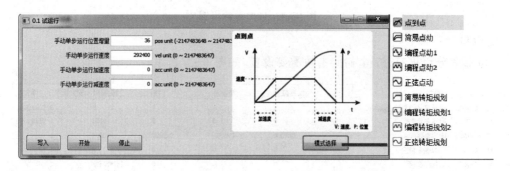

图 6 - 7　试运行结果

DriveStarter 试运行共有 9 种运行控制模式,其中,点到点属于位置模式试运行;简易点动、编程点动 1、编程点动 2、正弦点动属于速度控制模式;简易转矩规划、编程转矩规划 1、编程转矩规划 2、正弦转矩规划属于转矩控制模式。

(1) 点到点模式试运行

点到点运行模式示意图见图 6 - 8。

需要设置的参数解释如下:

0x210E——手动单步运行位置增量;

0x210F——手动单步运行速度;

0x2110——手动单步终点速度;

0x2111——手动单步运行加速度;

0x2112——手动单步运行减速度。

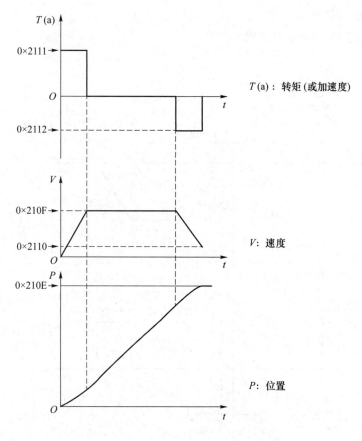

图 6-8　点到点试运行示意图

（2）速度控制模式试运行

目前 DriveStarter 上位调试软件的 PV 模式试运行共分为 4 种试运行方式，分别为简易点动（TTV1）、编程点动 1（TTV2）、编程点动 2（TTV3）和正弦点动（STV）。

1）简易点动（TTV1）

简易点动（TTV1）示意图见图 6-9。

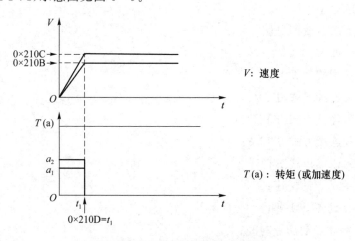

图 6-9　简易点动（TTV1）示意图

2）编程点动 1（TTV2）

编程点动 1（TTV2）示意图见图 6 - 10。

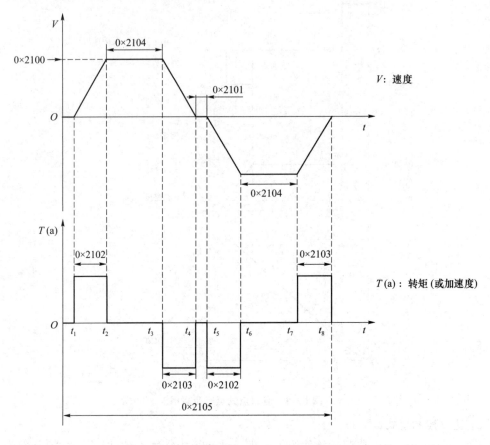

图 6 - 10　编程点动 1（TTV2）示意图

3）编程点动 2（TTV3）

编程点动 2（TTV3）示意图见图 6 - 11。

4）正弦点动（STV）

正弦点动（STV）示意图见图 6 - 12。

相关参数解释如下：

0x2080——速度规划类型；

0x01——简易连续方式 TTV1；

0x02——编程连续方式 TTV2；

0x03——编程连续方式 TTV3；

0x04——编程连续模式 STV；

0x210B——手动点动慢速；

0x210C——手动点动快速；

0x210D——手动点动加速时间；

0x2100——方波速度设定值；

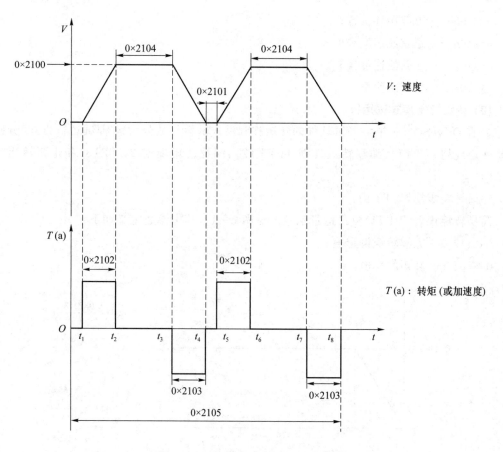

图 6 – 11　编程点动 2(TTV3)示意图

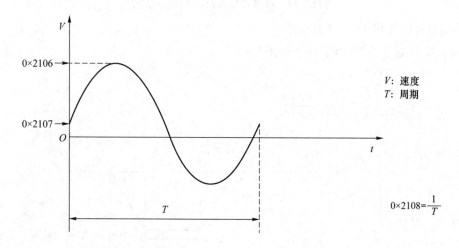

图 6 – 12　正弦点动(STV)示意图

0x2101——方波等待时间；

0x2102——方波上升时间

0x2103——方波速度下降时间；

0x2104——方波持续时间；

0x2105——方波循环次数；

0x2106——正弦波速度幅值；

0x2107——正弦波速度偏置；

0x2108——正弦波频率。

（3）转矩控制模式试运行

目前 DriveStarter 上位调试软件的转矩控制模式试运行共分为 4 种试运行方式，分别为简易转矩规划（TTT1）、编程转矩规划 1（TTT2）、编程转矩规划 2（TTT3）和正弦转矩规划（STT）。

1）简易转矩规划（TTT1）

简易转矩规划（TTT1）模式运行示意图见图 6 - 13，其中参数定义如下：

0x2113——方波转矩设定值；

0x6087——转矩斜率值。

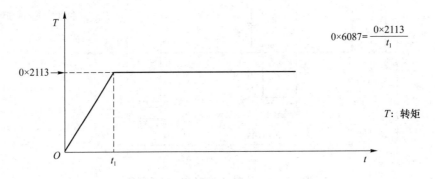

$$0\times6087=\frac{0\times2113}{t_1}$$

T: 转矩

图 6 - 13 简易转矩规划（TTT1）示意图

2）编程转矩规划 1（TTT2）

编程转矩规划 1（TTT2）示意图见图 6 - 14。

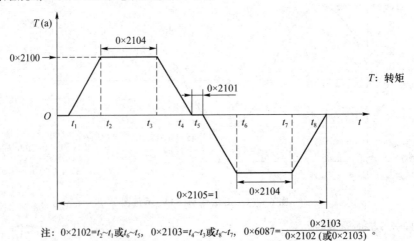

T: 转矩

注：$0\times2102=t_2\sim t_1$ 或 $t_6\sim t_5$，$0\times2103=t_4\sim t_3$ 或 $t_8\sim t_7$，$0\times6087=\dfrac{0\times2103}{0\times2102\,(或\,0\times2103)}$。

图 6 - 14 编程转矩规划 1（TTT2）示意图

3）编程转矩规划 2(TTT3)

编程转矩规划 2(TTT3)示意图见图 6-15。

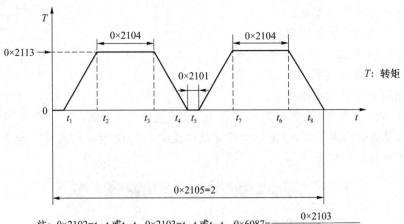

注：$0×2102=t_2{\sim}t_1$ 或 $t_6{\sim}t_5$，$0×2103=t_4{\sim}t_3$ 或 $t_8{\sim}t_7$，$0×6087=\dfrac{0×2103}{0×2102\,(\text{或}\,0×2103)}$。

图 6-15　编程转矩规划 2(TTT3)示意图

4）正弦转矩规划(STT)

正弦转矩规划(STT)示意图见图 6-16。

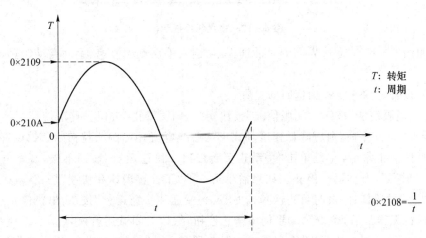

图 6-16　正弦转矩规划(STT)示意图

相关设置参数定义如下：

0x6088——转矩规划模式；

0x0001——sin2 ramp 0x0002～0x7FFF；reserved 0x8000：简易转矩规划(TTT1)；

0x8001——编程转矩规划 1(TTT2)；

0x8002——编程转矩规划 2(TTT3)；

0x8003——正弦波模式(STT)；

0x8004——转子位置补偿角测试模式(RCT)0x8005～0xFFFF：(Reserved)；

0x2101——方波等待时间；

0x2102——方波速度上升时间；

0x2103——方波速度下降时间；

0x2104——方波持续时间；

0x2105——方波循环次数；

0x2109——正弦波转矩幅值；

0x210A——正弦波转矩偏置值；

0x2108——正弦波频率。

转矩控制模式试运行步骤如下：

① 模式切换，单击"模式选择"按钮，打开"模式选择"对话框，选择"简易点动"，弹出如图 6-17 所示模式切换提示框，单击"是"或键盘快捷键"Y"，试运行界面由点到点试运行界面切换到简易点动试运行界面。

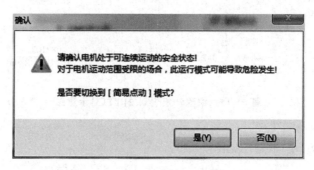

图 6-17　模式切换提示框

② 按照图 6-17 试运行界面的对话框提示，输入手动点动慢速、手动点动快速、手动点动加速时间。

③ 写入设置好的速度和加速时间参数。

④ 单击"伺服使能"按钮，"伺服使能"按钮变为"伺服禁止"按钮。首次使能时注意观察电机是否有异响，如有异响，则应降低速度环比例增益或电流环比例增益初始参数设定值。

⑤ 伺服使能正常后，左键单击"手动正反转慢速和快速运行"按钮不松，观察电机运行是否正常。左键松开，点动运行停止。如果需单击一下"正反转慢速和快速"按钮，电机即持续运行，可勾选"连续控制"；停机时可再次单击"正反转慢速和快速运行"按钮，电机停止运行。

⑥ 试运行无异常后，单击第④步伺服禁止按钮，然后关闭试运行窗口。

DriveStarter 控制电机试运行正常后，驱动器的控制权就可以由 DriveStarter 切换到 EtherCAT 主站了，由 EtherCAT 主站控制伺服的运行，DriveStarter 仅作数据监控、参数设置等使用，控制权选择如图 6-18 所示。

图 6-18　控制权选择

根据实际使用控制器情况,选择相应的控制权限。后续与机器人控制器通信中选择为 EtherCAT Master(Standard)。

示数器系统配置

6.1.2 示教器系统配置

拿到一套新的控制系统后,需要先配置好机器人个数、机器人类型、机器人伺服类型、外部轴类型、外部轴伺服类型与IO的型号,否则开机后将出现"无法连接伺服"的报错信息,并且伺服无法使用。

机器人个数、机器人类型、机器人伺服类型、外部轴类型、外部轴伺服类型与IO的型号须严格按照实际接线来进行配置。当伺服类型与IO型号没有配置正确时,系统启动后需要等待一段时间才能使得控制器与示教器连接,所以开机后若示教器上方显示"连接断开",为正常现象。当使用一台新机器人时,在示教器与控制器已正常连接的状态下,进入"设置→系统设置→其他设置"界面,打开"配置向导",跟随配置向导完成机器人的各项参数配置。当配置完成,机器人重启后,须先设置机器人参数、D-H参数、笛卡尔参数等机器人关键参数,再进行上电等操作。

机器人参数从站配置:在"设置→机器人参数→从站配置"中进行机器人个数、机器人通信周期、机器人类型、伺服型号的配置,如图6-19~图6-22所示,机器人型号请务必选择正确,否则会导致机器人无法正常运动,伺服列表显示当前控制器开机后读到的伺服个数型号,该界面可设置通信周期。

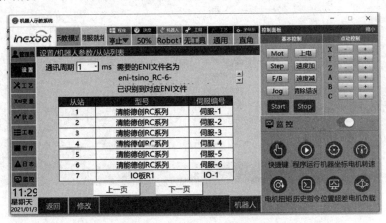

图 6-19 机器人个数配置

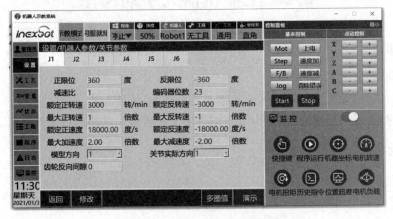

图 6-20 机器人通信周期配置

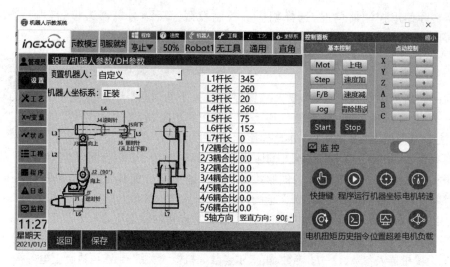

图 6 - 21　机器人类型配置

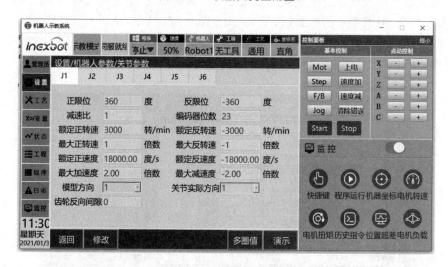

图 6 - 22　伺服型号配置

6.2　工业机器人手动操作

☞ 学习指南

◆ 关键词：示教器、点动运行。

◆ 相关知识：工业机器人示教器的基本界面与功能，机器人的点动运行。

◆ 小组讨论：通过查找资料，分小组总结讨论工业机器人点动运行操作要点。

6.2.1　示教器界面介绍

示教器主界面如图 6 - 23 所示。

系统内包含三个用户角色，即"操作员""技术员""管理员"。若要变更为不同用户，需单击当前用户的下拉框,单击操作区的相应用户按钮并输入密码(操作员不需要密码)。

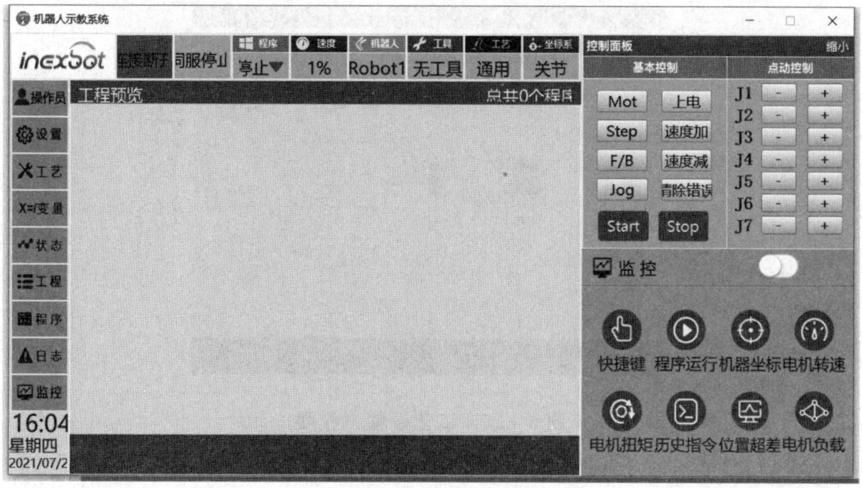

图 6 - 23　示教器主界面

管理员为权限最高的用户,可以进行所有操作。

技术员可进行的操作有:切换界面,切换模式,新建、重命名、删除、打开程序,插入、修改、删除指令,运行程序,查看所有状态,标定工具手参数,标定用户坐标,设置 IO,设置远程程序,设置复位点,设置所有工艺参数,查看日志,导出日志,升级程序。

操作员可以进行如下操作:

切换界面,切换模式,打开程序,运行程序,查看所有状态,查看日志,导出日志。

设置主界面如图 6 - 24 所示,其包含"工具手标定""用户坐标标定""系统设置""远程程序设置""复位点设置""IO""机器人参数""外部轴参数""人机协作""modbus 参数""后台任务""网络设置""数据上传""程序自启动""操作参数"15 个选项。若要进入这 15 个选项,须在设置界面的主内容区中选中相应的图标。

图 6 - 24　设置主界面

工艺设置主界面如图 6 - 25 所示,其包含"焊接设置""码垛设置""视觉设置""激光切割工艺""跟踪工艺""专用工艺""传送带跟踪工艺""打磨工艺""喷涂工艺"9 个工艺选项。

图 6－25　工艺设置主界面

变量设置主界面如图 6－26 所示，其包含"全局变量"和"全局数值"两个选项。设置"变量"的目的在于可以提前设置所需的变量，以备调用，不必每次重复设置变量。

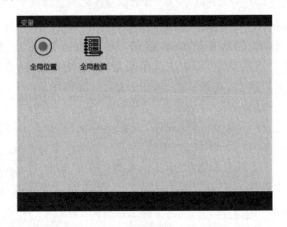

图 6－26　变量设置主界面

状态设置界面如图 6－27 所示，其包含"输入输出""I/O 功能状态""系统状态""电批状态""激光切割"选项。

图 6－27　状态设置界面

工程界面设置用于打开工程预览界面。

程序设置界面用于程序指令界面,用来修改编辑程序。

日志设置界面用于显示系统运行和报错日志。

监控设置界面用于监控机器人相关状态。

程序顶部为状态栏,显示机器人的各个状态,如图 6-28 所示。

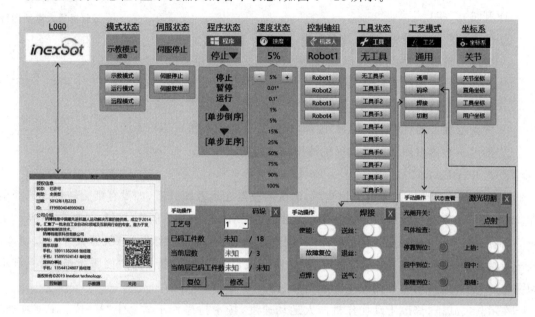

图 6-28　状态栏

模式状态:通过旋转"模式选择钥匙"来切换,分别有示教模式、远程模式、运行模式。

伺服状态:启动程序后按下"MOT"按键来从"伺服停止"状态切换到"伺服就绪"状态。当在示教模式按下"DEADMAN"按键或在"再现模式"或"循环模式"运行程序时,伺服状态切换为"伺服运行"状态。

程序状态:程序的运行状态,当在"示教模式"以 STEP 单步运行或在"再现模式""循环模式"下运行程序时,程序状态切换为"运行"状态

点动速度:通过按下示教器底部的"V-"、"V+"来增大或减小点动速度。速度增大:按动示教器底部的"V+"(速度增加)按钮,每按一次,点动速度按以下顺序变化:微动 1%→微动 2%→低 5%→低 10%→中 25%→中 50%→高 75%→高 100%;速度减小:按动示教盒底部的"V-"(速度减小)按钮,每按一次,点动速度按以下顺序变化:高 100%→高 75%→中 50%→中 25%→低 10%→低 5%→微动 2%→微动 1%。

机器人状态:通过按下示教器底部的"Rob"按键来切换,有"Robot a"和"Robot b"两个状态。

工具状态:通过按下示教器底部的"Jog"按键来切换,有"工具 1""工具 2""工具 3""工具 4""工具 5""工具 6""工具 7""工具 8""工具 9"九个状态。

工艺模式:在示教状态下,通过手动来切换,有"通用""焊接""码垛""激光切割"四个状态。

坐标系:通过按下示教器左侧的"坐标系切换"按键来切换,有"关节坐标系""直角坐标系""工具坐标系""用户坐标系"四种坐标系。

6.2.2 工业机器人点动运行

工业机器人进行点动运行的步骤如下:

① 开机。

② 检查急停按钮是否完好,是否按下。

③ 按动示教盒的"MOT"按键,确定伺服状态为"伺服准备"。

④ 选择需要使用的坐标系。

⑤ 调整到合适的速度。

⑥ 按动示教器的"DEADMAN"按键(示教器背后的按钮),不松手。

⑦ 使用示教器右侧物理按键区的按键操作机器人运动。

⑧ 松开"DEADMAN"按键。

待示教器开机且确认伺服无报错后,确认示教器在示教模式下,如没有则旋转模式选择钥匙,将示教器切换到示教模式下。按下示教器上的"MOT"(伺服准备)按键,此时程序界面上方的"伺服状态"一栏显示为"伺服就绪"且闪烁。只有在"伺服就绪"状态机器人才可以使能,轻按示教器背后的"DEADMAN"按键,此时听到机器人上电的声音,且"伺服状态"一栏显示为绿色的"伺服运行",表示伺服电源成功接通。

在示教模式下,修改手动操作机器人运动速度,按手持操作示教器上"V+"(速度增加)键或"V−"(速度减小)键,每按一次,手动速度按顺序变化,通过状态区的速度显示来确认。

例如,速度增大:按动示教器底部的"V+"(速度增加)按钮,每按一次,手动操作速度按以下顺序变化:寸动 0.001°→寸动 0.01°→寸动 0.1°→1%→5%→10%→速度增加 5%,直到 100%。

例如,速度减小:按动示教盒底部的"V−"(速度减小)按钮,每按一次,手动操作速度按以下顺序变化:高 100%→每次减 5%→低 5%→微动 1%→寸动 0.1°→寸动 0.01°→寸动 0.001°

寸动:寸动速度在关节坐标系下有 0.01°和 0.1°两挡。在直角、工具、用户坐标系下有 0.1 mm、1 mm 两挡。

也可以单击状态栏中速度一项,会弹出下拉菜单,单击"−"和"+"同样能够加减速度。单击中间的数字会弹出速度选项,可以选择几个常用速度,如图 6-29 所示。

示教速度是按百分比来表示的,其实际速度为点动最大速度×状态栏中的百分比。点动最大速度在"设置"→"机器人参数"→"点动速度"选项中设置。

在示教模式下,按动示教盒下方物理按键区的"坐标系切换"按键,每按一次此键,坐标系按以下顺序切换:关节坐标→直角坐标→工具坐标→用户坐标。通过顶部状态栏的显示来确认,也可以单击状态栏的坐标系栏,在弹出的坐标系选择菜单,单击对应坐标系即可切换,如图 6-30 所示。

工业机器人点动运行

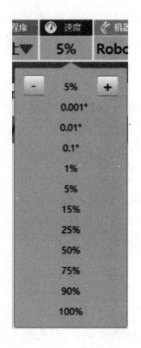

图 6 - 29　速度增减

图 6 - 30　坐标系切换

6.3　工业机器人坐标系标定

☞ 学习指南

◆ 关键词:工具坐标系、用户坐标系、坐标系标定。

◆ 相关知识:工业机器人坐标系的种类,工业机器人工具坐标系标定原理,工件坐标系标定原理。

◆ 小组讨论:通过查找资料,分小组总结不同坐标系标定方法的特点及优劣。

6.3.1　坐标系标定原理

1. 坐标系种类

机器人进行轴操作时,可以使用以下几种坐标系。

(1) 关节坐标系——ACS

关节坐标系(Axis Coordinate System,ACS),是以各轴机械零点为原点所建立的纯旋转的坐标系。机器人的各个关节可以独立旋转,也可以一起联动。

(2) 机器人(运动学)坐标系 —— KCS

机器人(运动学)坐标系(Kinematic Coordinate System,KCS),是用来对机器人进行正逆向运动学建模的坐标系,是机器人的基础笛卡尔坐标系,也可以称为机器人基础坐标系

(Base Coordinate System，BCS)或运动学坐标系。机器人工具末端 TCP 在该坐标系下可以沿坐标系 X 轴、Y 轴、Z 轴的移动运动，以及绕坐标系 X 轴、Y 轴、Z 轴的旋转运动。

（3）工具坐标系——TCS

工具坐标系 Tool Coordinate System，简称 TCS。

① 安装工具：将机器人腕部法兰盘所持工具的有效方向作为工具坐标系 Z 轴，并把工具坐标系的原点定义在工具的尖端点（或中心点）TCP(TOOL CENTER POINT)。

② 未安装工具：此时工具坐标系建立在机器人法兰盘端面中心点上，Z 轴方向垂直于法兰盘端面指向法兰面的前方。

机器人运动时，随着工具尖端点 TCP 的运动，工具坐标系也随之运动。用户可以选择在工具坐标系 TCS 下进行示教运动。TCS 坐标系下的示教运动包括沿工具坐标系的 X 轴、Y 轴、Z 轴的移动运动，以及绕工具坐标系 X 轴、Y 轴、Z 轴的旋转运动。本机器人系统支持用户保存 32 个自定义的工具坐标系。

（4）世界坐标系——WCS

世界坐标系(World Coordinate System，WCS)，也是空间笛卡尔坐标系统。世界坐标系是其他笛卡尔坐标系(机器人运动学坐标系 KCS 和工件坐标系 PCS)的参考坐标系统，运动学坐标系 KCS 和工件坐标系 PCS 都是参照世界坐标系 WCS 来建立的。在默认没有示教配置世界坐标系的情况下，世界坐标系到机器人运动学坐标系之间没有位置的偏置和姿态的变换，所以此时世界坐标系 WCS 和机器人运动学坐标系 KCS 重合。用户可以通过"坐标系管理"界面来示教世界坐标系 WCS。机器人工具末端在世界坐标系下可以进行沿坐标系 X 轴、Y 轴、Z 轴的移动运动，以及绕坐标系轴 X 轴、Y 轴、Z 轴的旋转运动。本机器人系统支持用户保存 32 个自定义的世界坐标系。

（5）工件坐标系 1——PCS1

工件坐标系 Piece Coordinate System，简称 PCS。本节所用机器人系统共设计有两套独立的工件坐标系统，工件坐标系 1 是第一套工件坐标系统。工件坐标系 PCS 是建立在世界坐标系 WCS 下的一个笛卡尔坐标系。工件坐标系主要是方便用户在一个应用中切换世界坐标系 WCS 下的多个相同的工件。另外，示教工件坐标系后，机器人工具末端 TCP 在工件坐标系下的移动运动和旋转运动能够减轻示教工作的难度。第一套工件坐标系可支持用户保存 32 个自定义的工件坐标系。第一套工件坐标系统主要用于常规的机器人，这些坐标系都是由示教生成的固定不变的工件坐标系。

机器人运动坐标系如图 6 - 23(a)所示，世界坐标系如图 6 - 23(b)所示，工具坐标系如图 6 - 23(c)所示，工件坐标系如图 6 - 23(d)所示。

2. 工具坐标系标定原理

工业生产线上，通常在工业机器人的末端执行器上固定特殊的部件作为工具，如夹具、焊枪等，在这些工具上的某个固定位置上通常要建立一个坐标系，即所谓的工具坐标系，机器人的轨迹规划通常是在添加了上述的工具之后，针对工具的某一点进行规划，通常这一点被称为工具中心点(Tool Center Point，TCP)。一般情况下，工具坐标系的原点就是 TCP，工具在被

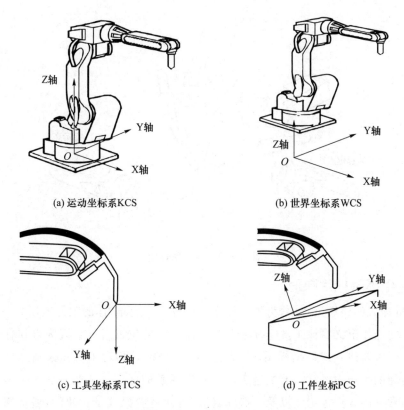

(a) 运动坐标系KCS　　　　　　　(b) 世界坐标系WCS

(c) 工具坐标系TCS　　　　　　　(d) 工件坐标PCS

图 6 – 23　坐标系示意图

安装在机器人末端执行器上之后,除非人为的改变其安装位置,否则工具坐标系相对于机器人末端坐标系的关系是固定不变的。

　　工具坐标系的标定系统一般为两个部分的标定,即工具中心点(TCP)的位置标定以及工具坐标系姿态(TCF)标定,通常 TCP 位置的确定可根据具体标定装置选择标定点数,标定点数的选择范围是 3 点～7 点,一共有 5 种选择方式,而工具坐标系姿态(TCF 的标定)通常分为默认方向标定、Z/X 方向标定以及 Z 方向标定。TCP 标定无论选择标定中的任何一种,都需要控制机器人以多个姿态,约束机器人的末端工具中心点处于同一个点,通常的接触式方法中,都是使机器人的工具以不同的姿态接触空间内的一个固定点,保证 TCP 在多个姿态下,相对于机器人基坐标系的位置不变。定位过程中记录每一组关节角,即可以得到多组{E}～{B}的变换矩阵$_E^B T_1$,$_E^B T_2$,……$_E^B T_n$,n 为标定的点数。得到这些变换矩阵结合这几组数据保证了工具以不同姿态定位在同一点,通过建立一定的数学关系即可以计算出工具的中心点。当TCP 被标定之后,对于默认方向的 TCF 标定,工具坐标系的 TCF 之间选择使用{E}的方向作为 TCF 的方向,即只需要标定出 TCP 参数即可;对于 Z/X 方向标定,只需要确定两个轴的方向,根据右手准则即可以得到第三轴的方向,从而确立 TCF;对于 Z 方向标定,只须标定出 Z轴方向,X 轴方向选择和{E}的 X 轴方向相同或者 Y 轴方向与{E}的方向相同,第三个轴使用右手准则进行确定。标定原理如图 6 – 24 所示。

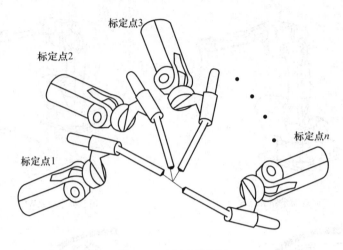

图 6-24　标定原理图

3. 工件坐标系标定原理

在工业机器人的使用过程中,为了方便完成任务,一般在操作的工件上建立一个工件坐标系,绝大部分的操作定义在该工件坐标系上。然而工件的位置可能会因为操作任务的不同而改变,通常需要重新建立工件坐标系,并标定出工件坐标系相对于机器人基坐标系的转换关系,因此在实际的生产中经常需要快速实现工件坐标系的标定。工业机器人的工件标定有许多种方法,如常见的 3 点标定法以及 4 点标定法,这两者的原理是一致的,通常用于弧焊机器人的工件坐标系标定。

工件坐标系标定的本质就是标定出工件坐标系$\{F\}$与机器人基坐标系$\{B\}$之间的变换矩阵,令^bT_f表示工件坐标系与机器人基坐标系之间的变换矩阵,若点 P 为工件坐标系下的任意一点,在工件坐标系下的坐标表示为$^fP=[X,Y,Z,1]^T$,则该点在机器人基坐标系下的坐标^bP的表达示为

$$^bP = {}^bT_f \cdot {}^fP \qquad\qquad (6-1)$$

式(6-1)中的^fP若是已知的,则当^bP可以被测量出来时,可以通过最少三个点即可以计算出^bT_f的矩阵表示。因此标定出^bT_f的关键问题就是获取 P 点在工业机器人基坐标系下的坐标值^bP。

6.3.2　机器人坐标系标定实例

1. 工具坐标系标定

首先打开示教器,进入管理员模式,选择"设置"。设置界面内包含"工

工具坐标系标定

具手标定""用户坐标标定""系统设置""远程程序设置""复位点设置""IO""机器人参数""外部轴参数""人机协作""modbus 参数""后台任务""网络设置""数据上传""程序自启动""操作参数"15 个选项,如图 6-25 所示。单击进入"工具手标定"界面,如图 6-26 所示。

标定界面中参数解释如下:

① X 轴方向偏移:工具末端相对于法兰中心,沿笛卡尔坐标系 X 轴方向的偏移长度,单位 mm。

② Y 轴方向偏移:工具末端相对于法兰中心,沿笛卡尔坐标系 Y 轴方向的偏移长度,单位 mm。

图 6 - 25　设置界面

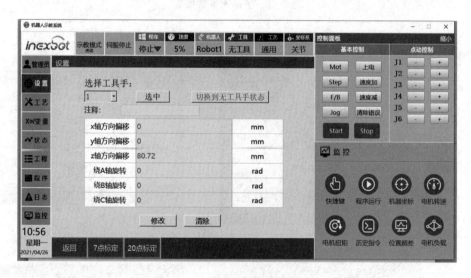

图 6 - 26　工具手标定界面

③ Z 轴方向偏移:工具末端相对于法兰中心,沿笛卡尔坐标系 Z 轴方向的偏移长度,单位 mm。

④ 绕 A 轴偏移:工具末端相对于法兰中心,绕笛卡尔坐标系 X 轴方向的偏移角度,单位(°)。

⑤ 绕 B 轴偏移:工具末端相对于法兰中心,绕笛卡尔坐标系 Y 轴方向的偏移角度,单位(°)。

⑥ 绕 C 轴偏移:工具末端相对于法兰中心,绕笛卡尔坐标系 Z 轴方向的偏移角度,单位(°)。

(1) 7 点标定法

① 选择"工具手标定",选择工具手"1",单击"选中"→"切换到无工具手状态",选择 7 点标定。7 点标定如图 6 - 27 所示。

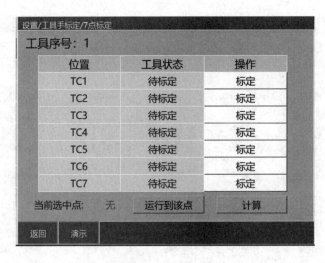

图 6 - 27 7 点标定

② 通过示教将机器人分别运行至表 6 - 1 中图片所示的位置,运行至相应位置后在机器人示教器内相应位置单击"标定"。

表 6 - 1 机器人示教位置

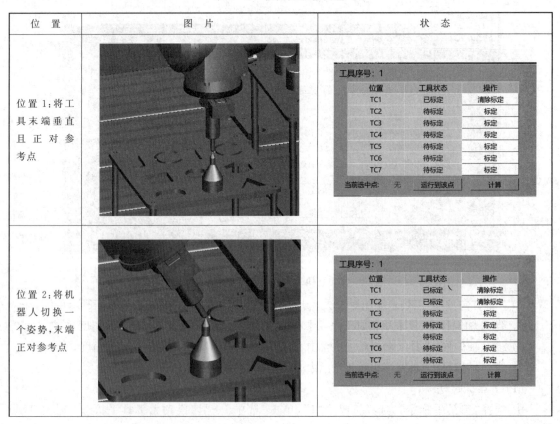

位 置	图 片	状 态
位置 3：将机器人切换一个姿势，末端正对参考点		工具序号：1 位置 / 工具状态 / 操作 TC1 / 已标定 / 清除标定 TC2 / 已标定 / 清除标定 TC3 / 已标定 / 清除标定 TC4 / 待标定 / 标定 TC5 / 待标定 / 标定 TC6 / 待标定 / 标定 TC7 / 待标定 / 标定 当前选中点：无　运行到该点　计算
位置 4：将机器人切换一个姿势，末端正对参考点		工具序号：1 位置 / 工具状态 / 操作 TC1 / 已标定 / 清除标定 TC2 / 已标定 / 清除标定 TC3 / 已标定 / 清除标定 TC4 / 已标定 / 清除标定 TC5 / 待标定 / 标定 TC6 / 待标定 / 标定 TC7 / 待标定 / 标定 当前选中点：无　运行到该点　计算
位置 5：将工具末端垂直且正对参考点（同 TC1）		工具序号：1 位置 / 工具状态 / 操作 TC1 / 已标定 / 清除标定 TC2 / 已标定 / 清除标定 TC3 / 已标定 / 清除标定 TC4 / 已标定 / 清除标定 TC5 / 已标定 / 清除标定 TC6 / 待标定 / 标定 TC7 / 待标定 / 标定 当前选中点：无　运行到该点　计算

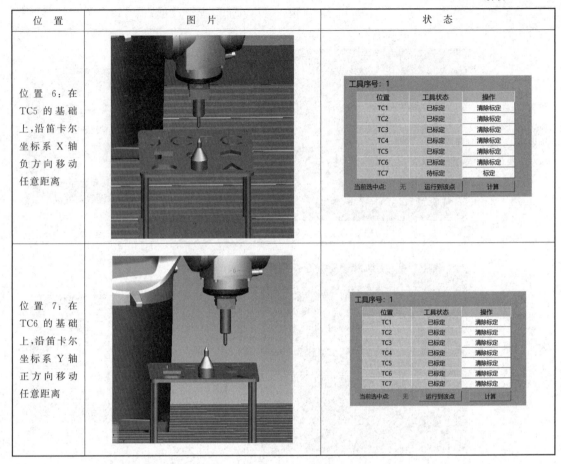

位 置	图 片	状 态
位置 6：在 TC5 的基础上，沿笛卡尔坐标系 X 轴负方向移动任意距离		
位置 7：在 TC6 的基础上，沿笛卡尔坐标系 Y 轴正方向移动任意距离		

执行完上述步骤后，工业机器人工具 7 点标定法即标定完毕。

（2）直接标定法

直接标定法适用于标准的前端工具，在第六轴工具坐标系的基础上进行偏移设置即可。具体步骤如下：

首先选择工具手"2"，单击"修改"，如图 6-28、图 6-29 和图 6-30 所示。测量出工业机器人工作站夹爪尺寸数据，将夹爪的尺寸数据填写至示教器内，然后单击"确定"。

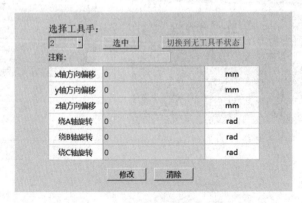

图 6 - 28 工具手"2"设置图

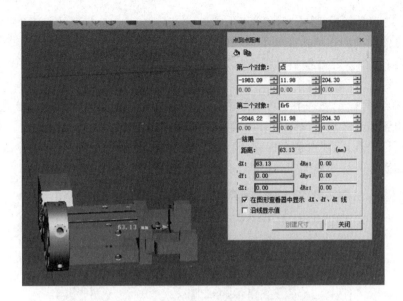

图 6 - 29　工具测量图

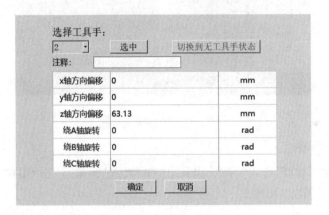

图 6 - 30　设置完毕图

（3）20 点标定法

12 点/15 点/20 点标定共用一个标定界面，标定前 15 个点即为使用 15 点标定法。

12 点标定即 15 点标定不标最后三个点（13～15），标定结果只有工具手的 X、Y、Z 轴方向偏移，无绕 A、B、C 旋转的数值。

单击"工具手标定"界面底部的"20 点标定"按钮，进入标定界面，如图 6 - 31 所示。

具体标定步骤如下：

① 找到一个参考点（笔尖为参考点），并确保此参考点固定。

② 开始插入位置点，每插入一点，单击"标记该点"，插入 20 个点，每个点的姿态差异越大越好。

一般情况下，第一点工具手姿态垂直向下，第二点走 A＋轴，第三点走 A＋轴，第四点走 A＋轴，第五点走 A－轴，第六点走 A－轴，第七点走 A－轴，第八点走 B＋轴，第九点走 B＋轴，第十点走 B＋轴，第十一点走 B－轴，第十二点走 B－轴，第十三点走 B－轴，其余点主要动 C 轴成米字形排布标定。

③ 完成 20 点标记后,单击"计算"。

操作中可能用到的选项功能如下:

取消标定:若在标定过程中对某点标定后不满意,可以单击该行所对应的"取消标定"按钮,取消标定后再次标定该点。

运行到该点:每标定完一个点可以单击"运行到该点",则机器人会运行到该点。

将结果位置标为零点:将标定补偿后的位置设置为当前机器人的零点位置。

清除所有标定点:标定点位会保存到控制器中,只有单击"取消标定""清除所有标定点",以及切换工具手进入标定界面后,标定结果才会清除

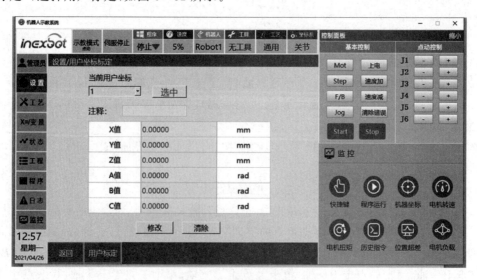

图 6-31 20 点标定界面

2. 用户坐标系标定

① 打开机器人示教器,进入管理员模式,选择"设置"菜单,双击"用户坐标标定",选择用户标定,如图 6-32 所示。

用户坐标系标定

图 6-32 用户标定图

用户坐标系的参数定义如下：

X 值：用户坐标原点相对机器人基座原点 X 轴方向的偏移。

Y 值：用户坐标原点相对机器人基座原点 Y 轴方向的偏移。

Z 值：用户坐标原点相对机器人基座原点 Z 轴方向的偏移。

A 值：用户坐标系相对直角坐标系绕 X 轴方向的旋转角（弧度）。

B 值：用户坐标系相对直角坐标系绕 Y 轴方向的旋转角（弧度）。

C 值：用户坐标系相对直角坐标系绕 Z 轴方向的旋转角（弧度）。

② 将机器人运行至托盘左下角第一个工位的正上方，单击示教器界面中的“标记原点”，如图 6－33 所示。

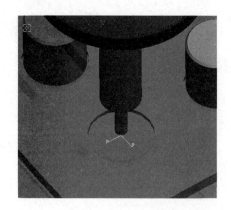

相关数据			演示图片
已标原点	已标X值	已标Y值	
470	470	470	
0	0	19.2745	
555.6	637.629	559.852	
2.35619	2.00689	0.144964	
1.5708	1.5708	1.5708	
0.785398	1.1347	2.99663	
未标记	未标记	未标记	
标记原点	标记X值	标记Y值	计算
运动至此	运动至此	运动至此	

图 6－33　标记原点

③ 将机器人向右移动任意距离，单击示教器界面中的“标记 X 值”，如图 6－34 所示。

相关数据			演示图片
已标原点	已标X值	已标Y值	
470	470	470	
0	0	19.2745	
555.6	637.629	559.852	
2.35619	2.00689	0.144964	
1.5708	1.5708	1.5708	
0.785398	1.1347	2.99663	
未标记	未标记	未标记	
标记原点	标记X值	标记Y值	计算
运动至此	运动至此	运动至此	

图 6－34　标记 X 轴数值

④ 将机器人运行至用户坐标原点，然后再将机器人向前移动任意距离，单击示教器界面中的“标记 Y 值”，如图 6－35 所示。

至此用户坐标系标定完毕。

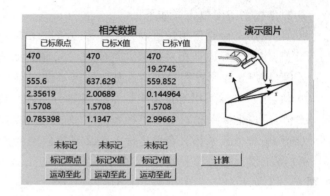

图 6-35　标记 Y 轴数据

6.4　工业机器人示教编程

☞ 学习指南

◆ 关键词:运动指令、轨迹运动编程。

◆ 相关知识:工业机器人运动指令系统含义,工业机器人运动指令用法。

◆ 小组讨论:通过查找资料,分小组讨论运动轨迹编程的注意事项。

6.4.1　工业机器人示教主要内容

"示教"也称导引,即由操作者直接或间接导引机器人,一步步按实际作业要求告知机器人应该完成的动作和作业的具体内容,机器人在导引过程中以程序的形式将其记忆下来,并存储在机器人控制装置内;"再现"则是通过存储内容的回放,使机器人在一定精度范围内按照程序展现所示教的动作和赋予的作业内容;程序是把机器人的作业内容用机器人语言加以描述的文件,用于保存示教操作中产生的示教数据和机器人指令。机器人完成作业所需的信息包括运动轨迹、作业条件和作业顺序。

1. 运动轨迹

运动轨迹是机器人为完成某一作业,工具中心点(TCP)所经过的路径,是机器示教的重点。从运动方式上看,工业机器人具有点到点(PTP)运动和连续路径(CP)运动两种形式。

(1) 点到点运动控制方式(PTP)

点到点运动控制方式的特点是只控制工业机器人末端执行器在作业空间中某些规定的离散点上的位姿。控制时只要求工业机器人快速、准确地实现相邻各点之间的运动,而对达到目标点的运动轨迹则不做任何规定。这种控制方式主要应用于工业机器人在工作站中大范围点位移动方面,其主要技术指标是定位精度和运动所需的时间要求。由于其控制方式易于实现、定位精度要求不高的特点,常被应用于上下料、搬运、点焊和在电路板上安插元件等只要求目标点处保持末端执行器位姿准确的作业中。一般来说,这种方式比较简单,但是要达到 $2\sim3~\mu m$ 的定位精度是相当困难的。点位控制方式示意图见图 6-36。

(2) 连续路径运动控制方式(CP)

连续路径运动控制方式的特点是连续地控制工业机器人末端执行器在作业空间中的位

置,要求其严格按照预定的轨迹和速度在一定的精度范围内运动,而且速度可控,轨迹光滑,运动平稳,以完成作业任务。工业机器人各关节连续、同步地进行相应的运动,其末端执行器即可形成连续的轨迹。这种控制方式的主要技术指标是工业机器人末端执行器位姿的轨迹跟踪精度及平稳性。通常弧焊、喷漆、去毛边和检测作业机器人都采用这种控制方式,如图 6 - 37 所示。

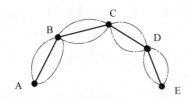

图 6 - 36　点位控制方式示意图

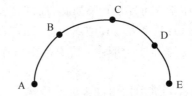

图 6 - 37　连续轨迹控制方式示意图

　　按运动路径种类区分,工业机器人具有直线和圆弧两种动作类型。示教时,直线轨迹示教两个程序点(直线起始点和直线结束点);圆弧轨迹示教 3 个程序点(圆弧起始点、圆弧中间点和圆弧结束点)。在具体操作过程中,通常 PTP 示教各段运动轨迹端点,而 CP 运动由机器人控制系统的路径规划模块经插补运算产生。

　　机器人运动轨迹的示教主要是确认程序点的属性。一般来说,每个程序点主要包含四部分信息:

　　① 位置坐标。描述机器人 TCP 的 6 个自由度(3 个平动自由度和 3 个转动自由度)。

　　② 插补方式。机器人再现时,从前一程序点移动到当前程序点的动作类型包含关节插补、直线插补、圆弧插播三种方式。关节插补动作描述为:机器人在未规定采取何种轨迹移动时,默认采用关节插补,出于安全考虑,通常在起点采用关节插补示教。直线插补动作描述为:机器人从前一程序点到当前程序点运行一段直线,即直线轨迹仅示教 1 个程序点(直线结束点)即可,直线插补主要用于直线轨迹的作业示教。圆弧插补动作描述为:机器人沿着用圆弧插补示教的 3 个程序点执行圆弧轨迹移动,圆弧插补主要用于圆弧轨迹的作业示教。

　　③ 再现速度。机器人再现时,从前一程序点移动到当前程序点的速度。

　　④ 空走点。指从当前程序点移动到下一程序点的整个过程不需要实施作业,用于示教除作业开始点和作业中间点之外的程序点。

　　⑤ 作业点。指从当前程序点移动到下一程序点的整个过程需要实施作业,用于作业开始点和作业中间点。

　　空走点和作业点决定从当前程序点移动到下一程序点是否实施作业。

　　2. 作业条件

　　为获得好的产品质量与作业效果,机器人动作再现之前,需要合理配置作业的工艺条件。例如,弧焊作业时的电流、电压、速度和保护气体流量;点焊作业时的电流、压力、时间和焊钳类型。工业机器人作业条件的获取有如下 3 种方法。

　　① 使用作业条件文件。输入作业条件的文件称为作业条件文件。使用这些文件,可使作业命令的应用更简便。例如,对机器人弧焊作业而言,焊接条件文件有引弧条件文件、熄弧条件文件和焊接辅助条件文件。

　　② 在作业命令的附加项中直接设定。首先需要了解机器人指令的语言形式,或程序编辑

画面的构成要素。程序语句一般由行标号、命令及附加项几部分组成。要修改附加项数据,只须将光标移动到相应语句上,然后按照示教器上的相关按键进行修改即可。

③ 手动设定。在某些应用场合下,有关作业参数的设定需要手动进行。如,弧焊作业时的保护气体流量、点焊作业时的焊接参数等。

3. 作业顺序

作业顺序不仅可保证产品质量,而且可以提高效率。作业顺序的设置主要涉及作业对象的工艺顺序以及机器人与外围周边设备的动作顺序两个方面。

① 作业对象的工艺顺序。在某些简单作业场合,作业顺序的设定同机器人运动轨迹的示教合二为一。

② 机器人与外围周边设备的动作顺序。在完整的工业机器人系统中,除机器人本身外,还包括一些周边设备,如变位机、移动滑台、自动工具快换装置等。在线示教因简单直观、易于掌握,是工业机器人目前普遍采用的编程方式。

6.4.2 工业机器人运动控制指令

纳博特机器人控制系统中常用的运动控制类指令包括 MOVJ、MOVL、MOVC、IMOV、NOVCA、MOVJEXT、MOVLEXT、MOVCEXT 等。

1. 点到点运动指令——MOVJ

机器人向目标点移动中,在不受轨迹约束的区间使用。

若用关节插补指令示教机器人,移动命令是 MOVJ。出于安全考虑,通常情况下,选用关节插补示教第一步。默认的速度为 VJ=10,即 10% 的最高速度。

1) 示例程序

```
MOVJ P001 VJ = 10 % PL = 1 ACC = 10 DEC = 10 0;
MOVJ G002 VJ = 10 % PL = 0 ACC = 10 DEC = 10 0。
```

2) 参数说明

P/G——使用局部位置变量(P)或全局位置变量(G)。当值为"新建"时,插入该指令则新建一个 P 变量,并将机器人的当前位置记录到该 P 变量。

VJ——关节插补的速度,范围 1~100,单位为百分比。实际运动速度为机器人关节参数中轴最大速度乘以该百分比。

PL——平滑过渡等级,范围为 0~5。

ACC——加速度比率,范围为 0~100,单位为百分比。建议设置与 VJ 值相同。

DEC——减速度比率,范围为 0~100,单位为百分比。建议设置与 VJ 值相同。

TIME——时间,范围非负整数,单位为 ms;表示提前一定时间执行下一条指令。

2. 直线运动指令——MOVL

若用直线插补示教机器人轴,移动命令是 MOVL。直线插补常用于焊接作业。使用直线插补时,机器人手腕姿态不变。

1) 示例程序

```
MOVL P003 V = 200 mm/s PL = 2 ACC = 20 DEC = 20 0。
```

2）参数说明

P/G——使用局部位置变量(P)或全局位置变量(G)。当值为"新建"时,插入该指令则新建一个 P 变量,并将机器人的当前位置记录到该 P 变量。

V——运动速度,范围为 2～9 999,单位为 mm/s。

PL——平滑过渡等级,范围为 0～5。

ACC——加速度比率,范围为 0～100,单位为百分比。建议设置为 V×10%。

DEC——减速度比率,范围为 0～100,单位为百分比。建议设置为 V×10%。

TIME——时间,为非负整数,单位为 ms。表示提前一定时间执行下一条指令。

3. 圆弧运动指令——MOVC

机器人通过圆弧插补示教的 3 个点画圆移动。

若用圆弧插补示教机器人轴,移动命令是 MOVC。单一圆弧和连续圆弧的第一个圆弧的起始点只能为 MOVJ 或 MOVL。

(1) 单一圆弧

当圆弧只有一个时(见图 6-38),用圆弧插补示教 P000～P002 的 3 个点。若用关节插补或直线插补示教进入圆弧前的 P000,则 P000～P001 的轨迹自动变为直线。示例程序如下:

```
MOVJ P000 VJ = 10 % PL = 0 ACC = 10 DEC = 10 0;
MOVC P001 V = 100 mm/s PL = 0 ACC = 10 DEC = 10 0;
MOVC P002 V = 100mm/s PL = 0 ACC = 10 DEC = 10 0。
```

(2) 连续圆弧

如图 6-39 所示,当曲率发生改变的圆弧连续有 2 个以上时,圆弧最终将逐个分离。因此,须在前一个圆弧与后一个圆弧的连接点加入关节及直线插补的点。参数说明如下:

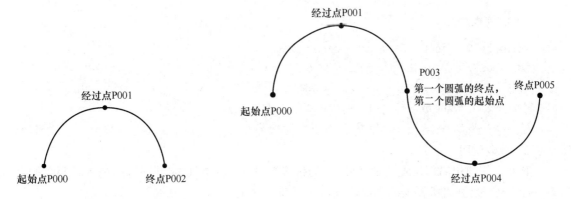

图 6-38　圆弧插补示教图　　　　　图 6-39　连续圆弧插补的点图

P/G——使用局部位置变量(P)或全局位置变量(G)。当值为"新建"时,插入该指令则新建一个 P 变量,并将机器人的当前位置记录到该 P 变量。

V——运动速度,范围为 2～9 999,单位为 mm/s。

PL——平滑过渡等级,范围为 0～5。

ACC——加速度比率,范围为 0～100,单位为百分比。建议设置为 V×10%。

DEC——减速度比率,范围为 0～100,单位为百分比。建议设置为 V×10%。

TIME——时间,范围非负整数,单位为 ms。表示提前一定时间执行下一条指令。

4. 曲线插补——MOVS

焊接、切割、熔接、涂底漆等作业时,若使用自由曲线插补,对于不规则曲线工件的示教作业可变得容易。

轨迹为通过三个点的抛物线。若使用自由曲线插补示教机器人轴,则移动命令为MOVS。

(1) 单一自由曲线

如图 6-40 所示,用自由曲线插补示教 P1～P3 的 4 个点。若使用关节插补或直线插补示教进入自由曲线前的 P0 点,那么 P0～P1 的轨迹自动变为直线。

(2) 连续自由曲线

用重合抛物线合成建立轨迹。与圆弧插补不同,2 个自由曲线的连接处不能是同一点或不能有其他指令。连续自由曲线运动示意图如图 6-41 所示。

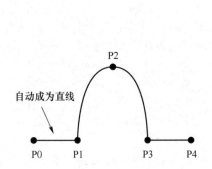

图 6-40 单一自由曲线运动示意图

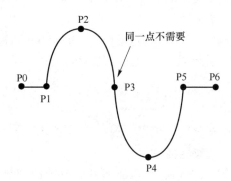

图 6-41 连续自由曲线运动示意图

1) 示例程序

```
MOVJ P001 VJ = 10 % PL = 0 ACC = 10 DEC = 10 0;
MOVS P002 V = 100 mm/s PL = 0 ACC = 10 DEC = 10 0;
MOVS P003 V = 100mm/s PL = 0 ACC = 10 DEC = 10 0;
MOVS P004 V = 100 mm/s PL = 0 ACC = 10 DEC = 10 0;
MOVS P005 V = 100mm/s PL = 0 ACC = 10 DEC = 10 0。
```

2) 参数说明

P/G——使用局部位置变量(P)或全局位置变量(G)。当值为"新建"时,插入该指令则新建一个 P 变量,并将机器人的当前位置记录到该 P 变量。

V——运动速度,范围为 2～9 999,单位为 mm/s。

PL——平滑过渡等级,范围为 0～5。

ACC——加速度比率,范围为 0～100,单位为百分比。建议设置为 V×10%。

DEC——减速度比率,范围为 0～100,单位为百分比。建议设置为 V×10%。

TIME——时间,范围非负整数,单位为 ms。表示提前一定时间执行下一条指令。

5. 增量运动指令——IMOV

增量运动指令的功能是以关节或直线的插补方式从当前位置按照设定的增量距离移动。

1）使用程序

```
IMOV S001 VJ = 10 % RF PL = 0 ACC = 10 DEC = 10 0;
IMOV S002 V = 1000 mm/s BF PL = 1 ACC = 100 DEC = 100 0。
```

2）参数说明

B——增量变量,可选择关节、直角、工具、用户四种坐标系,对应轴填正数为正方向,负数为反方向,若不动则填 0。

V/VJ——当 B 为关节坐标系下的值时,该处为 VJ,关节插补的速度范围为 1～100,单位为百分比。

实际运动速度为机器人关节参数中轴最大速度乘以该百分比。当 B 为直角、工具、用户坐标系下的值时,该处为 V,运动速度的范围为 2～9 999,单位为 mm/s。

PL——平滑过渡等级,范围为 0～5。

ACC——加速度比率,范围为 0～100,单位为百分比。建议设置为 V×10% 或 VJ。

DEC——减速度比率,范围为 0～100,单位为百分比。建议设置为 V×10% 或 VJ。

TIME——时间,范围非负整数,单位为 ms。表示提前一定时间执行下一条指令。

6.4.3　工业机器人轨迹运动编程实例

工业机器人
轨迹运动编程

1. 程序操作

用户若要进行程序的插入/修改/删除/复制/重命名等相关的操作,须进入程序界面,使用示教器界面中底部按钮进行相关操作。

新建程序须单击工程界面底部的"新建"按钮,新建的程序在选中的程序下面。在弹出的"程序创建"窗口中输入相应的程序名称等参数,单击底部的"确定"按钮,程序创建成功,并跳转入新建的程序。若想要取消新建程序,则单击"取消"按钮。新建程序步骤示意图见图 6-42。

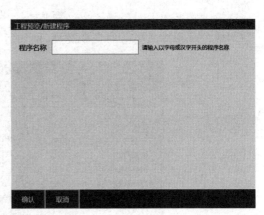

图 6-42　新建程序步骤示意图

用户若要打开已有的作业文件,则需要进行以下步骤。

① 打开"工程"界面;

② 选中想要打开的程序;

③ 单击底部的"打开"按钮,程序打开成功。

2. 指令操作

用户若要进行指令的插入/修改/删除等相关的操作,须进入程序预览界面,使用底部按钮进行相关操作。

(1) 插入指令

指令的插入须使用程序预览界面底部的"指令菜单"按进行相关操作。插入的指令在选中指令行的下面。

相关步骤如下:

① 进入程序预览界面;

② 单击"插入"按钮,会弹出指令类型菜单,如图 6-43 所示;

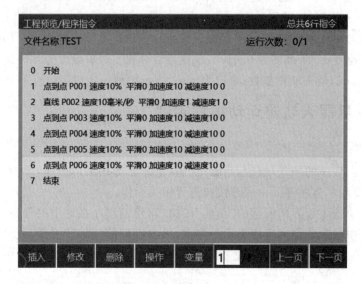

图 6-43 插入指令界面

③ 单击所须插入指令的指令类型,例如运动控制类。如图 6-44 所示;

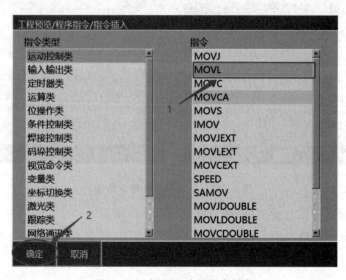

图 6-44 插入运动控制类指令

④ 单击所须插入的指令,例如 MOVL;

⑤ 设置所插入指令的相关参数,如图 6-45 所示;

⑥ 单击程序底部"确认"按钮,完成操作。

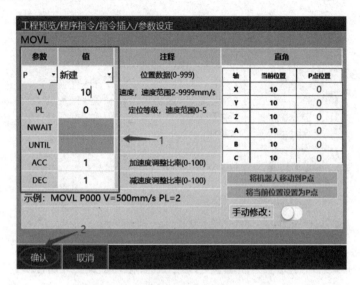

图 6-45 设置所插入指令的相关参数

(2) 指令修改

用户可以使用"修改"命令方便地修改已插入指令的相关参数。

修改指令参数的步骤如下:

① 选中已插入行(NOP 行和 END 除外);

② 单击程序底部的"修改"按钮,如图 6-46 所示;

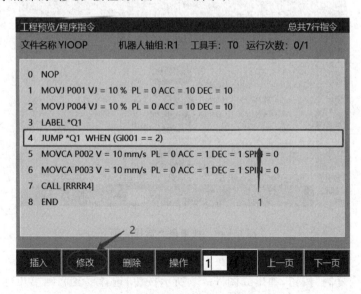

图 6-46 选择修改指令界面

③ 修改相关参数；

④ 修改完成后单击底部的"确定"按钮，如图 6 – 47 所示；

⑤ 指令修改成功。

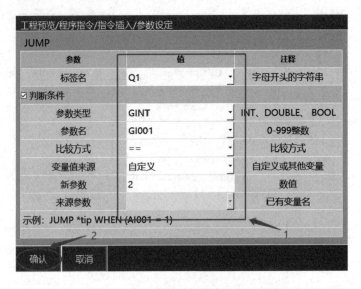

图 6 – 47　修改指令参数界面

(3) 批量复制

用户可以通过"批量复制"操作复制需要的指令到指定的地方，步骤如下：

① 首先单击底部"操作"按钮中的"批量复制"，如图 6 – 48 所示；

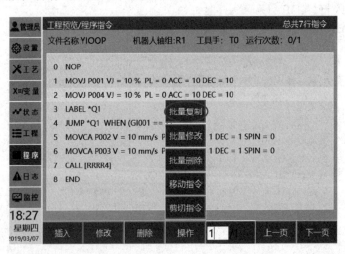

图 6 – 48　批量复制选择界面

② 选择需要的指令，如图 6 – 49 所示；

③ 单击"确认复制"按钮，弹出如图 6 – 50 所示按钮，选择要复制到第几行下面即可。

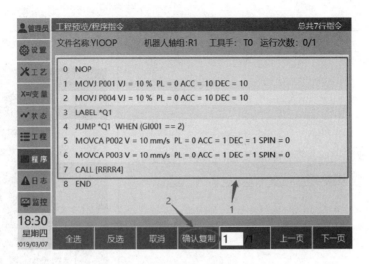

图 6-49　选择复制的指令

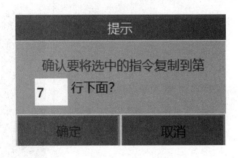

图 6-50　确认复制界面

3. 正方形轨迹运动编程示例

新建一个程序,命名为"正方形轨迹",编写正方形运行轨迹程序与工业机器人位置见表 6-2。

表 6-2　正方形轨迹

序　号	程　序	位置示意图
机器人原点	0　开始 1　点到点 P001 速度10% 平滑0 加速度10 减速度10 0	

序　号	程　序	位置示意图
中间过渡点	2　点到点 P002 速度10% 平滑0 加速度10 减速度10 0 3　延时0.5秒	
正方形第一点	4　点到点 P003 速度10% 平滑0 加速度10 减速度10 0 5　延时0.5秒	
正方形第二点	6　直线 P004 速度10毫米/秒 平滑0 加速度1 减速度1 0 7　延时0.5秒	
正方形第三点	8　直线 P005 速度10毫米/秒 平滑0 加速度1 减速度1 0 9　延时0.5秒	

续表 6 – 2

序　号	程　序	位置示意图
正方形第一四点	10　直线 P006 速度10毫米/秒　平滑0 加速度1 减速度1 0 11　延时0.5秒	
正方形第一点	12　直线 P003 速度10毫米/秒　平滑0 加速度1 减速度1 0 13　延时0.5秒	
中间过渡点	2　点到点 P002 速度10%　平滑0 加速度10 减速度10 0 3　延时0.5秒	

4. 圆形轨迹运动程序示例

新建一个程序,命名为"圆形轨迹",编写圆形运行轨迹程序与工业机器人位置见表 6 – 3。

表 6 - 3　圆形轨迹

序　号	程　序	位置示意图
圆形运动起始点	15　延时0.5秒 16　点到点 P007 速度10% 平滑0 加速度10 减速度10 0	
圆形运动第二点	17　整圆 P008 速度10毫米/秒 平滑0 加速度10 减速度10 姿态不变 0	
圆形运动第三点	18　整圆 P009 速度10毫米/秒 平滑0 加速度10 减速度10 姿态不变 0	
圆形运动起始点	16　点到点 P007 速度10% 平滑0 加速度10 减速度10 0	

5. 综合曲线轨迹运动程序示例

新建一个程序,命名为"综合曲线轨迹",编写曲线运行轨迹程序与工业机器人位置见表 6 - 4。

表 6－4　综合曲线轨迹

序　号	程　序	位置示意图
曲线运动起始点	21　点到点 P010 速度10% 平滑0 加速度10 减速度10 0 22　延时0.5秒	
曲线运动第二点	23　直线 P011 速度10毫米/秒 平滑0 加速度10 减速度10 0	
曲线运动第三点	24　曲线 P012 速度10毫米/秒 平滑0 加速度10 减速度10 0	
曲线运动第四点	25　曲线 P013 速度10毫米/秒 平滑0 加速度10 减速度10 0	
曲线运动第五点	26　直线 P014 速度10毫米/秒 平滑0 加速度10 减速度10 0	
曲线运动第六点	27　曲线 P015 速度10毫米/秒 平滑0 加速度10 减速度10 0	

续表 6 - 4

序 号	程 序	位置示意图
曲线运动起始点	28　曲线 P010 速度10毫米/秒　平滑0 加速度10 减速度10 0 29　延时0.5秒	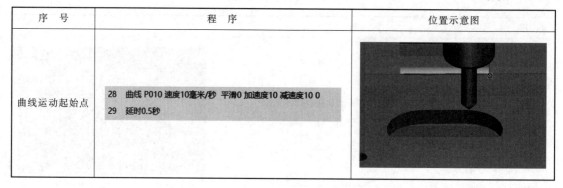

习 题

1. 工具坐标系是运动中的一个研究对象,简述其在实际调试过程中,起到的作用。

2. 讨论图 6 - 51(b)和图 6 - 51(c)所示的手爪姿态和位置是如何调整得到的。

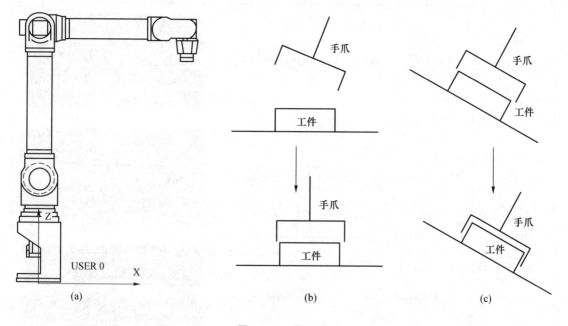

图 6 - 51　题 2 图

3. 用户坐标系是运动中的一个参考对象,思考它在实际调试过程中,起到了什么作用?工作台从图 6 - 52 所示位置变化到图 6 - 53 所示位置,思考应将用户坐标系建立在哪里?

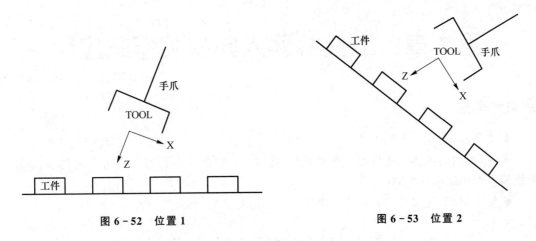

图 6-52　位置 1　　　　　　　　　　　图 6-53　位置 2

4. 谈一谈工业机器人运动控制类指令都有哪些? 有什么区别?

第 7 章　工业机器人典型工作站应用

☞教学导览

◆ 本章概述:主要介绍工业机器人典型工作站的组成及工业机器人编程调试过程。
◆ 知识目标:熟悉工业机器人典型工作站组成及功能,了解典型工作站工艺要求,掌握工业机器人工作站编程与调试方法。
◆ 能力目标:能够对工业机器人典型工作站进行编程与调试运行。

7.1　工业机器人搬运工作站调试运行

☞学习指南

◆ 关键词:搬运工作站,机器人 I/O 控制指令。
◆ 相关知识:工业机器人搬运工作站运动轨迹规划,运动轨迹程序编写方法。
◆ 小组讨论:通过查找资料,分小组讨论搬运轨迹编程方法。

7.1.1　搬运工作站概述

1. 总体概况

机器人在搬运方面有众多成熟的设计方案,在 3C、食品、医药、化工、金属加工、太阳能等领域均有广泛的应用,涉及物流输送、周转、仓储等。采用机器人搬运可大幅提高生产效率、节省劳动力成本、提高定位精度并降低搬运过程中的产品损坏率。本次实践项目要求为应用工业机器人将工作站中物料从 A 点库位搬运到 B 点库位,如图 7-1 所示,搬运所用夹具为夹爪气缸,如图 7-2 所示。

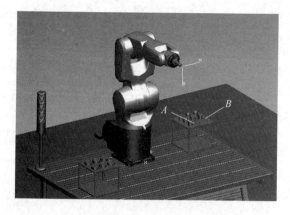

图 7-1　搬运工作站模型图

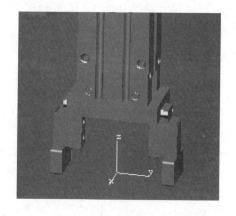

图 7-2　搬运夹爪

2. 输入输出指令

（1）DIN－IO 输入

此指令功能为读取 IO 板的数字输入值，并存储到一个整型或布尔型变量中。

参数说明如下：

变量类型——将输入值存到目标变量的变量类型。

变量名——将输入值存到目标变量的变量名。

输入 IO 板——若有多个 EtherCAT IO，则可选择是第几个 IO 板。

输入组号——输入是按照组来读的，分别为 1 路、4 路、8 路一组。1 路一组，则 16 个 DIN 端口为 16 组；4 路一组，则 1～4、5～8、9～12、13～16 各为一组；8 路一组，则 1～8、9～16 各为一组。读入变量的数据是将输入的端口值由 2 进制转为 10 进制存入变量中。

例，8 路一组，1～8 号端口的值为 10110101，那么从 8 号端口开始则为 10101101。将其转为 10 进制则为 173，因此存入变量为 173。

使用范例——DIN I001 IN♯（5）。

（2）DOUT－IO 输出

此指令功能为将 IO 板上对应的 IO 端口置高或置低。

参数说明如下：

输出 IO 板——若有多个 EtherCAT IO，则可选择是第几个 IO 板。

输出组号——输出是按照组来输出的，分别为 1 路、4 路、8 路一组。1 路一组，则 16 个 DOUT 端口为 16 组；4 路一组，则 1～4、5～8、9～12、13～16 各为一组；8 路一组，则 1～8、9～16 各为一组。

变量来源——分为手动选择和变量类型。手动选择就是在下面的框中打钩，选中的输出 1，未选中的输出 0。例：当输出组号为 4 路输出，第 2 组时，下面的选择框中端口 1、端口 3 选中，其他两个留空，那么运行该指令时，IO 板的输出端口中 5～8 号端口的输出值为 1010。当变量来源选择 INT、GINT、BOOL、GBOOL 时，会将对应变量值转换为 2 进制，输出到 IO 板上。

例，若变量值为 173，其转换为二进制则为 10101101。若 8 路一组，将二进制值从 8 号端口开始输出，那么 8～1 号端口值为 10101101，1～8 号端口的值为 10110101。

变量名——变量来源选择 INT、GINT、BOOL、GBOOL 时，选择要输出的变量名。

时间——置反输出时间，输出在规定时间后置反。例如，DOUT1＝1、时间为 2，则 DOUT1 输出高电平 2 s 后置反为低电平。

使用范例——DOUT OT♯（1）I001 0。

3. 变量类指令

（1）INT－整型

定义局部整型变量，并同时赋值，该指令必须插在程序头部。

使用范例如下：

INT I001 ＝ 11；

INT I002 ＝ GI003。

参数说明如下：

变量类型——此处已固定为 INT。

变量名——所要建立的 INT 变量的变量名,范围为 1～999。

变量值来源——给新变量赋值,可以选择自定义手填或其他变量。

新参数——当变量值来源选择自定义时,在这里直接填写新变量的初始值。

来源参数——当变量值来源选择变量类型时,在这里选择变量名,将另外一个变量的值赋值给该变量。

(2) BOOL -布尔型

定义局部布尔型变量,并同时赋值,该指令必须插在程序头部。

使用范例如下:

BOOLEAN B001 = 1;

BOOLEAN B002 = GB002。

参数说明如下:

变量类型——此处已固定为 BOOL。

变量名——所要建立的 BOOL 变量的变量名,范围为 1～999。

变量值来源——给新变量赋值,可以选择自定义手填或其他变量。

新参数——当变量值来源选择自定义时,在这里直接填写新变量的初始值。

来源参数——当变量值来源选择变量类型时,在这里选择变量名,将另外一个变量的值赋值给该变量。

(3) DOUBLE -浮点型

定义局部浮点型变量,并同时赋值。该指令必须插在程序头部。

使用范例如下:

DOUBLE D001 = 11;

DOUBLE D002 = GD003。

参数说明如下:

变量类型——此处已固定为 DOUBLE。

变量名——所要建立的 DOUBLE 变量的变量名,范围为 1～999。

变量值来源——给新变量赋值,可以选择自定义手填或其他变量。

新参数——当变量值来源选择自定义时,在这里直接填写新变量的初始值。

来源参数——当变量值来源选择变量类型时,在这里选择变量名,将另外一个变量的值赋值给该变量。

4. 条件判断类指令

条件判断类指令包含 CALL、IF、WHILE、WAIT、JUMP 等指令。

(1) CALL 指令

1) 功　能

CALL 指令用来调用子程序。

本系统在建立程序时没有区分主程序与子程序,当一个程序调用另一个程序时,被调用的程序则为子程序。两个程序不能相互调用,即程序 A 调用程序 B 后,程序 B 不可调用程序 A。

2) 使用范例

前提:已建立 Job1、Job2 两个程序,在 Job1 中插入 CALL 指令。

指令：CALL [Job2]；

含义：调用子程序 Job2。

过程：当 Job1 的指令运行到 CALL 指令时，程序跳转到程序 Job2，运行完程序 Job2 的所有指令后跳转回程序 Job1 中，CALL Job2 指令的下一行指令继续运行。

(2) IF 指令

1) 功　能

如果 IF 指令的条件满足时，则执行 IF 与 ENDIF 之间的指令，如果 IF 指令的条件不满足，则直接跳转到 ENDIF 指令继续运行 ENDIF 下面的指令，不运行 IF 与 ENDIF 之间的指令。IF 的判断条件为（比较数 1 以某种比较方式与比较数 2 进行比较），例如比较数 1 为 2，比较数 2 为 1，比较方式为"＞"，则 2＞1，判断条件成立；若比较方式为"＜"或"＝＝"，则判断条件不成立。插入 IF 指令时会同时插入 ENDIF 指令，当删除 IF 指令时请注意将对应的 ENDIF 指令也删掉，否则会导致程序无法执行。

IF 指令中可以嵌套另一个 IF 指令或 WHILE、JUMP 等其他条件判断类指令。

IF 指令可以单独使用，也可搭配 ELSEIF、ELSE 两条指令使用。注意，ELSEIF、ELSE 指令不可脱离 IF 指令单独使用。

当程序的开头为 IF 且最后一行为 ENDIF 指令时，须在 IF 指令上方或 ENDIF 下方插入一条 0.1 s 的 TIMER（延时）指令，否则当 IF 指令的条件不满足时会导致程序陷入死机状态。

2) 使用范例

例 1

前提：已定义全局变量或局部变量，如 GI001＝5，D001＝8.88。

指令：

```
IF(GI001＞＝D001)
    其他指令,如 MOVJ 等
ENDIF
```

含义：如果 GI001＞＝D001，则运行 IF 与 ENDIF 之间的指令，若不满足则不运行。

过程：如果 GI001＝5，D001＝8.88，5＜8.88，则条件不成立，不会运行 IF 与 ENDIF 之间的指令，程序跳转到 ENDIF 的下一行指令继续运行。

例 2

前提：已连接好外部的 IO 设备，如数字 IO 的端口 10 的输入值为 1。

指令：

```
IF(DIN10 = 1)
    其他指令,如 MOVJ 等
ENDIF
```

含义：如果数字 IO 端口 10 的输入值为 1，则运行 IF 与 ENDIF 之间的指令，若不满足则不运行。

过程：因为数字 IO 的端口 10 的输入值为 1，即 DIN10＝1，所以条件满足，运行 IF 与 ENDIF 之间的指令后继续运行 ENDIF 下面的指令。

(3) ELSE 指令

ELSE 指令必须插入 IF 和 ENDIF 之间，但是一个 IF 指令只能嵌入一条 ELSE 指令。

当 IF 的判断条件成立时,会运行 IF 与 ELSE 之间的指令后跳转到 ENDIF 的下一行指令继续运行,而不运行 ELSE 和 ENDIF 之间的指令。

当 IF 的判断条件不成立时,会跳转到 ELSE 与 ENDIF 之间的指令运行,而不运行 IF 与 ELSE 之间的指令。注意,当删除 IF 指令时,须删除与其对应的 ELSE 和 ENDIF 指令,否则会导致程序无法运行。

例 3

前提:已定义全局变量或局部变量,如 GI001=8。

指令:

```
IF(GI001<9)
     其他指令 1,如 MOVJ 等
ELSE
     其他指令 2,如 MOVJ 等
ENDIF
```

含义:如果 GI001<9,则运行 IF 与 ELSE 之间的指令 1,若不满足则运行 ELSE 和 ENDIF 之间的指令 2。

过程:因为 GI001=8<9,则条件成立,运行 IF 与 ELSE 之间的指令,运行完后继续运行 ENDIF 下面的指令。

(4) ELSEIF 指令

1) 功　能

ELSEIF 指令必须插入 IF 和 ENDIF 之间。ELSEIF 与 ENDIF 之间还可以插入一条 ELSE 指令或多条 ELSEIF 指令。

当 IF 的条件满足时,会忽略掉 ELSEIF 和 ELSEIF 与 ENDIF 之间的指令,仅运行 IF 与 ELSEIF 之间的指令,然后跳转到 ENDIF 的下一行指令继续运行。

当 IF 的条件不满足时,会跳转到 ELSEIF 指令,判断 ELSEIF 的判断条件,若满足,则运行 ELSEIF 和 ENDIF 之间的指令,然后继续运行 ENDIF 的下指令;若不满足,则直接跳转到 ENDIF 的下一行指令继续运行。

若在 IF 与 ENDIF 中嵌套了多条 ELSEIF,当 IF 的判断条件不成立时首先判断第一条 ELSEIF 的判断条件,若成立则运行第一条 ELSEIF 与第二条 ELSEIF 之间的指令;若不成立则判断第二条 ELSEIF 的判断条件,以此类推。

注意,当删除 IF 指令时,须删除与其对应的 ELSEIF 和 ENDIF 指令,否则会导致程序无法运行。

2) 使用范例

例 4

前提:已定义全局变量或局部变量,如 GI001=8。

指令:

```
IF(GI001<9)
    其他指令 1,如 MOVJ 等
ELSEIF(GI001>7)
    其他指令 2,如 MOVJ 等
ENDIF
```

含义:如果 GI001<9,则运行 IF 与 ELSEIF 之间的指令 1,若不满足则判断 ELSEIF 的判断条件,若满足则运行其他指令 2,若不满足则跳转到 ENDIF 下面的指令继续运行。

过程:因为 GI001＝8<9,则条件成立,运行 IF 与 ELSEIF 之间的指令,运行完后继续运行 ENDIF 下面的指令。

例 5

前提:已定义全局变量或局部变量,如 GI001＝5,D001＝8.88。

指令:

```
IF(GI001＞= D001)
    其他指令 1,如 MOVJ 等
ELSEIF(D001<9)
    其他指令 2,如 MOVJ 等
ENDIF
```

含义:如果 GI001＞＝D001,则运行 IF 与 ELSE 之间的指令 1,若不满足则判断 ELSEIF 的判断条件,若满足则运行其他指令 2,若不满足则跳转到 ENDIF 下面的指令继续运行。

过程:因为 GI001＝5,D001＝8.88,5<8.88,则条件不成立;判断 ELSEIF 的判断条件,因为 D001＝8.88<9,条件成立,则运行其他指令 2。

例 6

前提:已定义全局变量或局部变量,如 GI001＝5,D001＝8.88。

指令:

```
IF(GI001＞= D001)
    其他指令 1,如 MOVJ 等
ELSEIF(D001＞9)
    其他指令 2,如 MOVJ 等
ELSE
    其他指令 3,如 MOVJ 等
ENDIF
```

含义:如果 GI001＞＝D001,则运行 IF 与 ELSE 之间的指令 1,若不满足则判断 ELSEIF 的判断条件,若满足则运行其他指令 2,若不满足则运行 ELSE 和 ENDIF 之间的其他指令 3,然后继续运行 ENDIF 下面的指令。

过程:因为 GI001＝5,D001＝8.88,5<8.88,则条件不成立;判断 ELSEIF 的判断条件,因为 D001＝8.88<9,条件不成立,则运行其他指令 3。

(4) WAIT 指令

1)功　能

WAIT 即等待,可以选择是否有等待时间。不勾选"TIME"选项,则在判断条件不成立时一直停留在该 WAIT 指令等待,直到判断条件成立。若勾选了"TIME"选项,则会在等待该参数的时长后不再等,继续运行下一条指令。若在等待时条件变为成立,则立刻运行下一条指令。

2) 使用示例

例 7

前提:已经定义了变量 GI001＝1。

指令:WAIT(GI001＝＝2),T ＝ 2 NOW ＝ 1。

含义:当 GI001 不等于 2 时,程序停留在这一条指令等待,但是等待超过 2 s 后将不再等,会跳到下一条程序继续运行。在等待过程中若条件满足则立即跳转到下一行继续运行。

过程:因为 GI001 不等于 2,程序停留在这一条指令等待,但是等待超过 2 s 后将不再等,会跳到下一条程序继续运行。

(5) WHILE 指令

1) 功　能

当 WHILE 指令的条件满足时,会循环运行 WHILE 与 ENDWHILE 两条指令之间的指令。在运行到 WHILE 指令之前若判断条件不满足,在运行到 WHILE 指令时会直接跳转到 ENDWHILE 指令而不运行 WHILE 与 ENDWHILE 之间的指令;若在运行 WHILE 与 END-WHILE 之间的指令过程中,判断条件变成不满足,会继续运行,直到运行到 ENDWHILE 行,不再循环而是继续运行 ENDWHILE 下面的指令。

WHILE 的判断条件为(比较数 1 以某种比较方式与比较数 2 进行比较),例如,比较数 1 为 2,比较数 2 为 1,比较方式为"＞",则 2＞1,判断条件成立;若比较方式为"＜"或"＝＝",则判断条件不成立。

注意,插入 WHILE 指令的同时会同时插入 ENDWHILE 指令。若要删除 WHILE 指令须同时删掉其对应的 ENDWHILE 指令,否则会导致程序无法运行。

当程序的开头为 WHILE 且最后一样指令为 ENDWHILE 时,须在程序的开头或结尾插入一条 0.3 s 的 TIMER(延时)指令。否则当 WHILE 指令的条件不满足时会导致程序无法运行。

当 WHILE 内部的指令没有运动类指令或在某种情况下可能会陷入死循环时,须在 WHILE 与 ENDWHILE 间插入一条 0.3 s 的 TIMER(延时)指令,否则当 WHILE 指令的条件满足时可能会导致程序无法运行。

WHILE 指令可以同时嵌套多个 WHILE、IF 或 JUMP 等其他判断类指令。

2) 使用示例

例 8

前提:已经定义了变量 GI001＝1。

指令:

```
WHILE(GI001＜2)
    其他指令
ENDWHILE
```

含义:当 GI001＜2 时,会循环运行 WHILE 与 ENDWHILE 之间的其他指令。直到条件不成立时,运行到 ENDWHILE 指令不会再循环而是继续运行 ENDWHILE 下面的指令。

过程:因为 GI001＝1＜2,会循环运行 WHILE 与 ENDWHILE 之间的其他指令。直到条件不成立时,运行到 ENDWHILE 指令不会再循环而是继续运行 ENDWHILE 下面的指令。

例 9

前提:已经定义了变量 GI001=1,D001=7。

指令:

```
WHILE(GIO 0 1<2)
    其他指令 1,MOVJ 等
        WHILE(DO 0 1<1 0)
    其他指令 2,MOVJ 等
        ADD D 0 0 1 1
    ENDWHILE
    其他指令 3
        ADDGI 0 0 1 1
ENDWHILE
```

含义:当 GI001<2 时,会循环运行 WHILE 与 ENDWHILE 之间的所有指令,在运行到 WHILE(D001<10)时,判断 D001<10,若成立则循环运行其他指令 2 和 ADD 指令,直到 D001>=10 时,跳出中间的 WHILE 指令,继续运行其他指令 3 和 ADD 指令,再循环,直到 GI001>=2 时跳出 WHILE。

过程:开始 GI001=1<2,D001=7<10,所以一开始两个 WHILE 指令的判断条件均成立,会循环运行 WHILE(D001<10)和中间 ENDWHILE 之间的其他指令 2 和 ADD 指令,每循环一次 D001 会加 1,循环 3 次后,D001=10,中间的判断条件不成立,继续运行其他指令 3 和 ADD GI001 1 指令,每循环一次 GI001 加 1,运行 1 次后 GI001=2,条件不成立,继续运行 ENDWHILE 下面的指令。

(6) JUMP 指令

1) 功　能

JUMP 用于跳转,必须与 LABEL(标签)指令配合使用。

JUMP 可以设置有无判断条件。当设置为没有判断条件时,运行到该指令会直接跳转到对应的 LABEL 指令后继续运行 LABEL 下一行指令。

当设置为有判断条件时,若条件满足则跳转到 LABEL 指令行;若条件不满足则忽略 JUMP 指令,继续运行 JUMP 指令的下一行指令。

LABEL 标签可以插在 JUMP 的上方或者下方,但不可跨程序跳转。

LABEL 标签名必须为字母开头的两位以上字符。

插入 LABEL 标签对程序的运行没有影响,但是要符合程序运行规则,例如不能插在 MOVC 指令的上面或插在局部变量定义指令的上面。

2) 使用示例

例 10

前提:无。

指令:

```
MOVJ
LABEL * C1
    其他指令 1,MOVJ 等
JUMP * C1
    其他指令 2
```

含义:运行到 JUMP 指令后跳转到 LABEL ＊C1 行继续运行其他指令 1。

过程:运行到 JUMP 指令后跳转到 LABEL ＊C1 行继续运行其他指令 1。

例 11

前提:已定义变量 I001＝1。

指令:

```
MOVJ
LABEL ＊ C1
    其他指令 1,MOVJ 等
JUMP ＊ C1 WHEN(I001 = = 0)
    其他指令 2
```

含义:运行到 JUMP 指令时进行判断,若 I001 等于 0,则跳转到 LABEL ＊C1 行运行其他指令 1,若条件不成立则不跳转,继续运行其他指令 2。

过程:因为 I001＝1 不等于 0,所以不会跳转。

(7) UNTIL 指令

1) 功　能

UNTIL 指令用于在一个运动过程中跳出。即在机器人的一个运动过程中暂停并开始下一个过程。当条件满足时,不论当前机器人是否运行,立即暂停并开始 ENDUNTIL 指令下面的一条指令。

UNTIL 的判断条件为:比较数 1 以某种比较方式与比较数 2 进行比较,例如比较数 1 为 2,比较数 2 为 1,比较方式为"＞",则 2＞1,判断条件成立;若比较方式为"＜"或"＝＝",则判断条件不成立。注意,插入 UNTIL 指令的同时会同时插入 ENDUNTIL 指令。若要删除 UNTIL 指令须同时删掉其对应的 ENDUNTIL 指令,否则会导致程序无法运行。

2) 使用示例

前提:已经定义了变量 GI001＝1。

指令:

```
UNTIL(GI001＜2)
    其他指令
ENDUNTIL
MOVJ P003
```

图 7-3　运行模式切换图

含义:当运行 UNTIL 与 ENDUNTIL 之间的其他指令时,若 GI001 变成了＜2 的数值,则暂停当前动作,跳转到 MOVJ P003 指令;若 GI001 始终＞2,则运行完其他指令后再运行 MOVJ P003 指令。

5. 程序运行模式

程序可以在三种模式状态中运行,包括"示教""运行""远程",分别对应着"示教模式""运行模式""远程模式"。用户通过使用示教器右上角的模式选择钥匙在三种模式间切换,如图 7-3 所示。

示教模式下可以完成机器人的点动操作、作业文件编程、系统参数设定等。其中在作业文件编程的过程中可以使用"STEP"功能来对作业文件进行单步操作。

在运行模式中可以单击左下角的"运行次数"按钮来设置程序的运行次数,默认为运行一次。单击弹出框中的"循环运行"按钮可以使程序无限循环运行。

运行模式时程序上方显示已运行次数与总设置运行次数,格式为"已运行次数/共设置运行次数"。

运行过程中,可以修改运行次数,修改后机器人在运行设置的次数后停止。例如,原设置运行 200 次,已运行 156 次,此时设置运行次数为 3 次,则机器人在继续运行 3 次后停止。

运行速度=指令速度×上方状态栏的速度比率。

远程模式支持两种外接设备,数字 IO 和 Modbus 触摸屏。设备优先级为:Modbus>数字IO,当两个外接设备都在连接时,可通过 Modbus 触摸屏来控制数字 IO 的使能。

当示教器被拔下后启动控制器,将自动进入远程模式。

搬运工作站
程序编写与调试

7.1.2　搬运工作站程序编写与调试

1. 新建程序

新建一个程序,命名为"搬运程序",如图 7-4 所示。

图 7-4　建立搬运程序

2. 搬运程序编程示例

工件搬运库位的程序及位置见表 7-1。

表 7-1　工件搬运库位的程序及位置

程　序	位置示意图	备　注
0　开始 1　赋值布尔型 B001 = 0		打开夹爪

程　序	位置示意图	备　注
2　点到点 P001 速度10%　平滑0 加速度10 减速度10 0		机器人原点
3　点到点 P002 速度10%　平滑0 加速度10 减速度10 0 4　延时0.5秒		搬运料块 初始位置
5　直线 P003 速度5毫米/秒　平滑0 加速度1 减速度1 0 6　延时0.5秒		夹料块位置
7　赋值布尔型 B001 = 1 8　延时0.5秒		机器人 夹爪闭合

程　　序	位置示意图	备　注
10　点到点 P004 速度10%　平滑0 加速度10 减速度10 0 11　延时0.5秒		放料块过度 点位置
12　直线 P005 速度5毫米/秒　平滑0 加速度1 减速度1 0 13　延时0.5秒		放料块位置
14　赋值布尔型 B001 = 0 15　延时0.5秒		在放置点 松开夹爪

7.2　工业机器人装配工作站调试运行

☞ 学习指南

◆ 关键词:装配工作站。

◆ 相关知识:工业机器人装配工作站示教点位置规划,运动轨迹程序编写方法。

◆ 小组讨论:通过查找资料,分小组讨论装配工作站程序编写与调试方法。

7.2.1　装配工作站概述

工业机器人装配工作站是工业生产中对零件或部件进行装配的典型应用。作为柔性自动化装配的核心设备,工业机器人装配工作站应具有精度高、工作稳定、柔顺性好、动作迅速等优点。工业机器人装配工作站的主要要求如下:

① 操作速度快,加速性能好,缩短工作循环时间;

② 精度高,具有极高重复定位精度,保证装配精度;

③ 提高生产效率,解放单一繁重体力劳动;

④ 改善工人劳作条件,摆脱有毒、有辐射装配环境;

⑤ 可靠性好、适应性强,稳定性高;

目前市场的装配生产线多以关节式装配机器人中的 SCARA 机器人和并联机器人为主,在小型、精密、垂直装配上,SCARA 机器人具有很大优势。随着社会需求增大和技术的进步,装配机器人行业亦得到迅速发展,多品种、少批量生产方式和为提高产品质量及生产效率的生产工艺需求,成为推动装配机器人发展的直接动力。

装配工作站机器人的末端执行器是夹持工件移动的一种夹具,类似于搬运、码垛机器人的末端执行器,常见的装配执行器有吸附式、夹钳式、专用式和组合式。吸附式末端执行器在装配中仅占一小部分,广泛应用于电视、录音机、鼠标等轻小物品装配场合。

夹钳式手爪是装配过程中最常用的一类手爪,多采用气动或伺服电机驱动,闭环控制配备传感器可实现准确控制手爪启动、停止、转速并对外部信号做出准确反映,具有重量轻、出力大、速度高、惯性小、灵敏度强、转动平滑、力矩稳定等特点。专用式手爪是装配中针对某一类装配场合而单独设定的末端执行器,且部分带有磁力,常见的主要是螺钉、螺栓的装配,同样亦多采用气动或伺服电机驱动。组合式末端执行器是在装配作业中通过组合获得各单组手爪优势的一类手爪,灵活性较大,可节约时间、提高效率。

图 7-5　装配物料

本项目是应用夹钳式手爪,将装配物料(见图 7-5),从原料库中取出,安装在物料底座上。

7.2.2　装配工作站程序编写与调试

1. 新建程序

新建一个程序,命名为"装配程序",如图 7-6 所示。

装配工作站程序
编写与调试

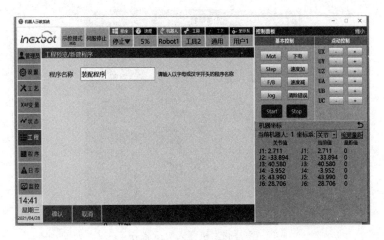

图 7 - 6　建立装配程序

2. 编辑装配程序

具体程序如下：

```
0   开始
1   赋值布尔型 B001 = 0
2   点到点 P001 速度 10% 平滑 0 加速度 10 减速度 10 0
3   点到点 P002 速度 10% 平滑 0 加速度 10 减速度 10 0
4   延时 0.5 秒
5   直线 P003 速度 5 毫米/秒 平滑 0 加速度 1 减速度 1 0
6   延时 0.5 秒
7   赋值布尔型 B001 = 1
8   延时 0.5 秒
9   直线 P002 速度 10 毫米/秒 平滑 0 加速度 1 减速度 1 0
10  点到点 P004 速度 10% 平滑 0 加速度 10 减速度 10 0
11  延时 0.5 秒
12  直线 P005 速度 5 毫米/秒 平滑 0 加速度 1 减速度 1 0
13  延时 0.5 秒
14  赋值布尔型 B001 = 0
15  延时 0.5 秒
16  直线 P004 速度 10 毫米/秒 平滑 0 加速度 1 减速度 1 0
```

3. 程序解析及各点位对应机器人位置

① 程序解析步 1，见图 7 - 7 所示。本条程序为机器人夹爪张开，见图 7 - 8。

1　赋值布尔型 B001 = 0

图 7 - 7　程序步 1

② 程序解析步 7，见图 7 - 9。本条程序为机器人夹爪闭合，见图 7 - 10。

图 7-8 机器人夹爪张开

7 赋值布尔型 B001 = 1

图 7-9 程序步 7

图 7-10 机器人夹爪闭合

③ P001 点为机器人原点位置,见图 7-11。P002 点为搬运装配料块初始位置,如图 7-12 所示。

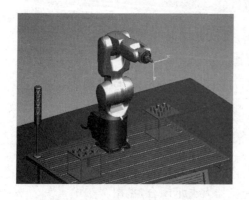

图 7-11 机器人原点位置

图 7-12 搬运装配料块初始位置

P003 点为夹料块位置,如图 7 - 13 所示。

P004 装配料块过度点位置,如图 7 - 14 所示。

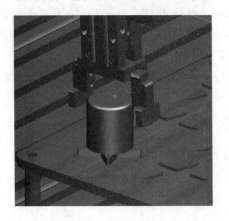 

图 7 - 13　夹料块位置　　　　　　图 7 - 14　装配料块过度点位置

P005 为料块装配位置,如图 7 - 15 所示。

图 7 - 15　料块装配位置

以上为装配一个料块的程序,装配多个料块重复上述步骤即可。

7.3　工业机器人码垛工作站调试运行

☞ 学习指南

◆ 关键词:码垛工作站,码垛工艺

◆ 相关知识:工业机器人码垛工作站码垛工艺设计方法,码垛轨迹程序编写方法。

◆ 小组讨论:通过查找资料,分小组讨论码垛工艺设计优势。

7.3.1　码垛工作站概述

码垛是指将形状基本一致的产品按一定的要求堆叠起来。工业机器人码垛工作站的功能是把料袋或者料箱一层一层码到托盘上,用于化工、饮料、食品、啤酒、塑料等自动生产企业。

工业机器人码垛工作站布局是以提高生产、节约场地、实现最佳物流码垛为目的,实际生产中,常见的码垛工作站布局主要有全面式码垛和集中式码垛两种。全面式码垛机器人安装在生产线末端,可针对一条或两条生产线,具有较小的输送线成本与占地面积,较大灵活性和增加生产量等优点。集中式码垛机器人集中安装在某一区域,可将所有生产线集中在一起,具有较高的输送线成本,节省生产区域资源,节约人员维护,一人便可全部操纵。

码垛机器人具有作业高效、码垛稳定等优点,解放工人繁重体力劳动,已在各个行业的包装物流线中发挥强大作用。其主要优点有:

① 占地面积小,动作范围大,减少厂源浪费。

② 能耗低,降低运行成本。

③ 提高生产效率,解放繁重体力劳动,实现"无人"或"少人"码垛。

④ 改善工人劳作条件,摆脱有毒、有害环境。

⑤ 柔性高、适应性强,可实现不同物料码垛。

⑥ 定位准确,稳定性高。

码垛机器人与搬运机器人在本体结构上没有太多区别,通常可认为码垛机器人本体较搬运机器人大,在实际生产当中码垛机器人多为四轴且多数带有辅助连杆,连杆主要起增加力矩和平衡的作用,码垛机器人大多不能进行横向或纵向移动,安装在物流线末端。常见的码垛机器人多为关节式码垛机器人、摆臂式码垛机器人和龙门式码垛机器人。

常见码垛机器人的末端执行器有吸附式、夹板式、抓取式、组合式。吸附式末端执行器广泛应用于医药、食品、烟酒等行业。夹板式手爪是码垛过程中最常用的一类手爪,常见的有单板式和双板式,主要用于整箱或规则盒码垛,夹板式手爪加持力度较吸附式手爪大,并且两侧板光滑不会损伤码垛产品外观质量,单板式与双板式的侧板一般都会有可旋转爪钩。抓取式手爪是一种可灵活适应不同形状和内含物包装袋的末端执行器。组合式是通过组合获得各单组手爪优势的一种手爪,灵活性较大,各单组手爪之间既可单独使用又可配合使用,可同时满足多个工位的码垛。

7.3.2 码垛工作站工艺设计与程序编写视频

码垛工作站工艺设计与程序编写

1. 新建程序

新建一个程序,命名为"码垛程序",如图 7-16 所列。

图 7-16 建立码垛程序

2. 码垛工艺设计

码垛工艺抓手选择步骤如表 7 - 2 所列。

表 7 - 2　码垛工艺抓手步骤

步　骤	图片说明
① 打开工艺中的码垛工艺	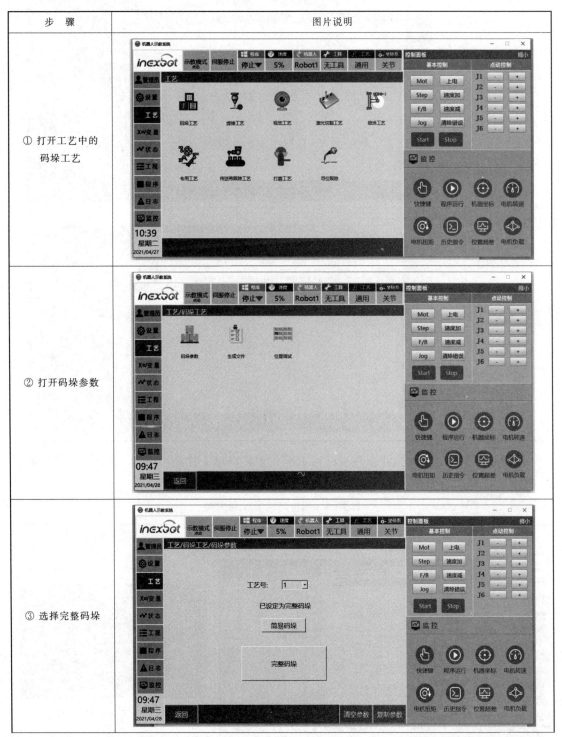
② 打开码垛参数	
③ 选择完整码垛	

步　骤	图片说明
④ 选择抓手设置	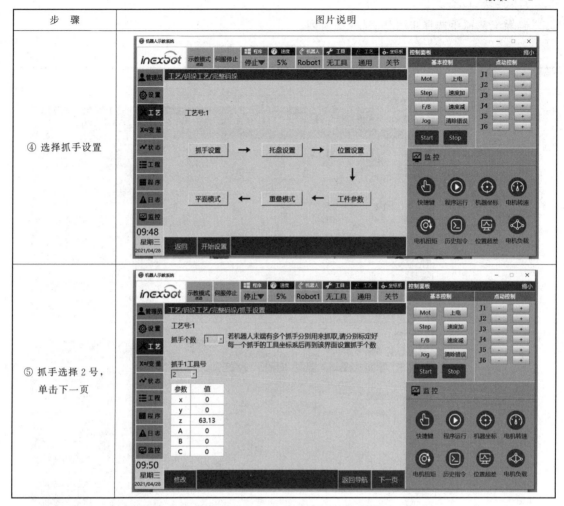
⑤ 抓手选择2号，单击下一页	

标定码垛 X、Y 轴方向：在用户坐标系 1 下分别将机器人移动至下面三个位置，并进行标记，标记完成后单击保存，然后选择"下一页"，如表 7-3 所列。

表 7-3　标定码垛 X、Y 轴方向

设置界面	位置示意图

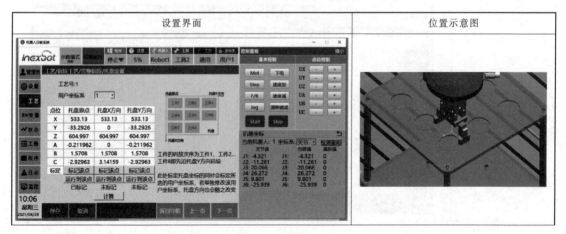

续表 7 - 3

设置界面	位置示意图
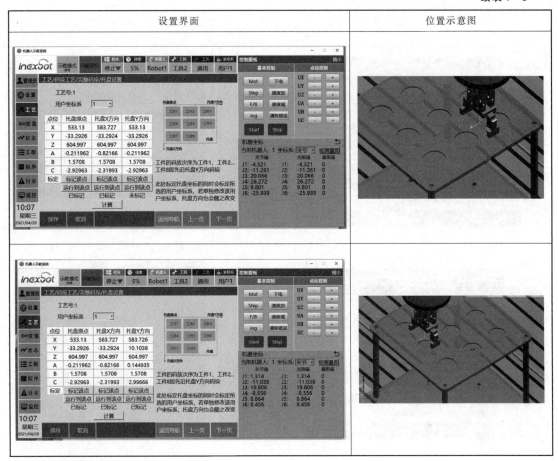	

将机器人分别运行至表 7 - 4 中位置示意图栏所示图片位置,并在示教器上分别标记为工件点、辅助点和入口点,标记完成后单击"保存",然后选择"下一页"。

表 7 - 4 示教器标记工件点、辅助点、入口点

设置界面	位置示意图
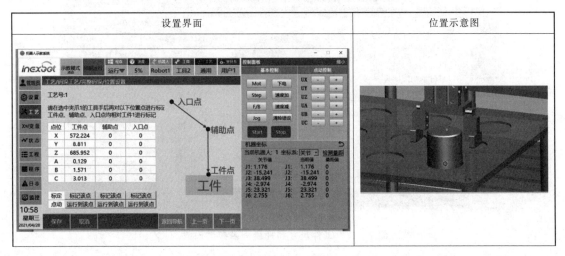	

设置界面	位置示意图
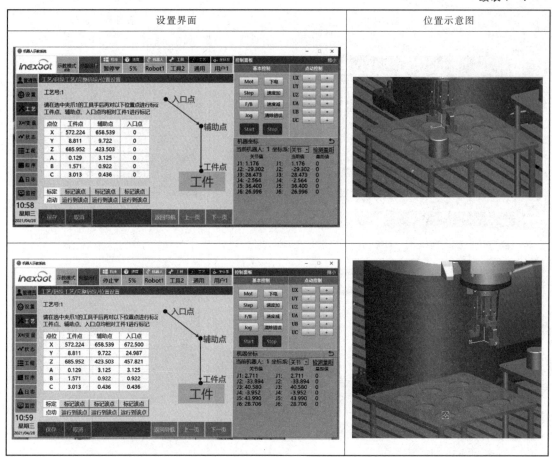	

工件尺寸和托盘间隙参数如图 7－17 所示，修改完成后，单击"保存"，然后选择"下一页"。

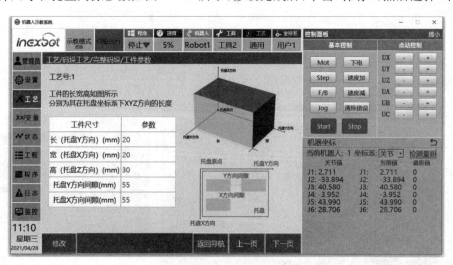

图 7－17　工件尺寸和托盘间隙参数设置

选择"码垛成熟"，按图 7－18 所示参数进行"修改"并"保存"，然后选择"下一页"。

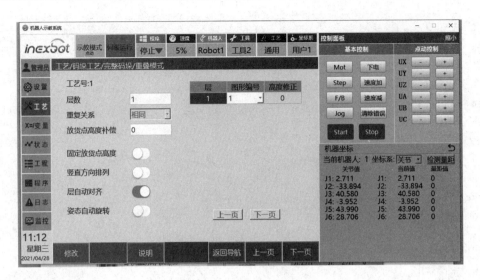

图 7 - 18　码垛参数设置

将模板模式设置为行列，X 方向设置为 3，Y 方向设置 3，单击"结束"，如图 7 - 19 所示，码垛工艺设置部分完成。

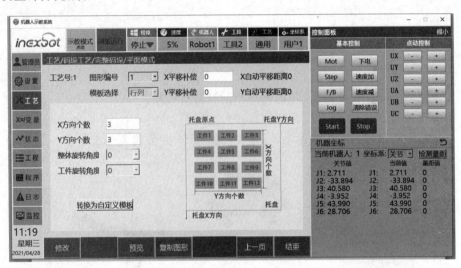

图 7 - 19　码垛工艺设置

3. 码垛程序编写

码垛程序如下：

```
 0  开始
 1  赋值布尔型 B001 = 0
 2  点到点 P001 速度 10％ 平滑 0 加速度 10 减速度 10 0
 3  直线 P002 速度 10 毫米/秒 平滑 0 加速度 1 减速度 1 0
 4  延时 0.5 秒
 5  赋值布尔型 B001 = 1
 6  延时 0.5 秒
 7  直线 P001 速度 10 毫米/秒 平滑 0 加速度 1 减速度 1 0
 8  码垛复位 工艺号 1
 9  码垛开始 工艺号 1 类型 0 1001 1001 1001 多重码垛 0
10  抓取工具 工艺号 1 抓手 2
11  码垛入口点 工艺号 1 速度 10％ 平滑 0 加速度 10 减速度 10 0
12  码垛辅助点 工艺号 1 速度 10％ 平滑 0 加速度 10 减速度 10 0
13  码垛工件点 工艺号 1 速度 10％ 平滑 0 加速度 10 减速度 10 0
14  延时 0.5 秒
15  赋值布尔型 B001 = 0
16  码垛辅助点 工艺号 1 速度 10 毫米/秒 平滑 0 加速度 20 减速度 20 0
```

习　题

1. 工业机器人码垛作业时,常用的码垛辅助设备有哪些?

2. 搬运作业时,末端执行器通常如何选择?

3. 图 7 - 20 所示为搬运工作站系统,请说明标号 1~6 各代表什么部件?

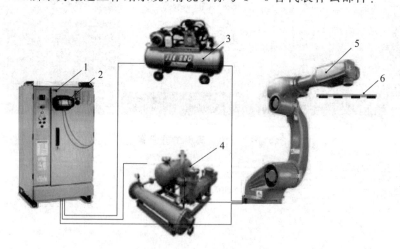

图 7 - 20　搬运工作站框图

4. 对于工业机器人装配工作站而言,通常需要配置哪些传感器?

5. 思考装配机器人本体与焊接机器人本体、搬运机器人本体有何异同点?

参考文献

［1］兰虎. 工业机器人技术及应用［M］. 北京:机械工业出版社,2017.

［2］侯守军,金陵芳. 工业机器人技术基础［M］. 北京:机械工业出版社,2019.

［3］杨杰忠,王泽春,刘伟. 工业机器人技术基础［M］. 北京:机械工业出版社,2017.

［4］张宪民. 机器人技术及其应用［M］. 北京:机械工业出版社,2019.

［5］姚屏. 工业机器人技术基础［M］. 北京:机械工业出版社,2020.

［6］杨润贤,曾小波. 工业机器人技术基础［M］. 北京:化学工业出版社,2018.

［7］谢敏,钱丹浩. 工业机器人技术基础［M］. 北京:机械工业出版社,2021.

［8］张明文. 工业机器人技术基础及应用［M］. 哈尔滨:哈尔滨工业大学出版社,2017.